Vishal Kumar

Estratégias baseadas em IA para o sucesso do marketing de eventos e causas

Vishal Kumar

Estratégias baseadas em IA para o sucesso do marketing de eventos e causas

ScienciaScripts

Imprint

Any brand names and product names mentioned in this book are subject to trademark, brand or patent protection and are trademarks or registered trademarks of their respective holders. The use of brand names, product names, common names, trade names, product descriptions etc. even without a particular marking in this work is in no way to be construed to mean that such names may be regarded as unrestricted in respect of trademark and brand protection legislation and could thus be used by anyone.

Cover image: www.ingimage.com

This book is a translation from the original published under ISBN 978-620-7-65071-2.

Publisher:
Sciencia Scripts
is a trademark of
Dodo Books Indian Ocean Ltd. and OmniScriptum S.R.L publishing group

120 High Road, East Finchley, London, N2 9ED, United Kingdom
Str. Armeneasca 28/1, office 1, Chisinau MD-2012, Republic of Moldova, Europe
Printed at: see last page
ISBN: 978-620-7-69137-1

PREFÁCIO

No panorama em constante evolução do marketing, a fusão da inteligência artificial (IA) com o marketing de eventos e causas surgiu como uma força dinâmica que impulsiona a inovação, o envolvimento e o impacto social. À medida que o mundo se torna cada vez mais interligado e digitalmente orientado, as abordagens tradicionais de marketing já não são suficientes para captar a atenção do público e gerar resultados significativos. Atualmente, o sucesso no marketing de eventos e causas requer uma compreensão profunda do comportamento do público, capacidades avançadas de análise de dados e a capacidade de proporcionar experiências personalizadas à escala. É aqui que a IA brilha. Este livro embarca numa viagem ao potencial transformador da IA no marketing de eventos e causas. Desde o planeamento estratégico e a segmentação de audiências até às tácticas promocionais e à medição do impacto, cada capítulo aprofunda as aplicações práticas das tecnologias de IA, com o apoio de exemplos do mundo real, estudos de caso e opiniões de especialistas. O prefácio prepara o terreno para o que os leitores podem esperar descobrir no livro. Fornece uma visão geral do cenário de marketing em evolução, destacando os desafios e as oportunidades que se avizinham. Além disso, oferece um vislumbre do papel da IA como catalisador da inovação e da eficácia no marketing de eventos e causas, dando o mote para a exploração aprofundada que se segue.

Sr. Vishal Kumar

CONTEÚDO

CAPÍTULO 1
Introdução ao marketing de eventos e causas

Ashwani Kumar

Escola de Engenharia e Tecnologia

K. R. Mangalam University, Gurugram, Haryana, Índia

Gaurav Kansal

Escola de Engenharia

ABES(IT), Ghaziabad, Uttar Pradesh, Índia

Introdução

O marketing de eventos é um campo dinâmico e multifacetado que envolve a criação, promoção e gestão de eventos para atingir objectivos comerciais específicos. Estes eventos podem ir desde conferências e feiras comerciais de grande escala a encontros mais pequenos e íntimos, como seminários e eventos de networking. O principal objetivo do marketing de eventos é promover o envolvimento direto com o público-alvo, criando experiências memoráveis que aumentam o conhecimento da marca, impulsionam as vendas e criam relações duradouras com os clientes.

A importância do marketing de eventos

O marketing de eventos ocupa um lugar único no marketing mix devido à sua capacidade de criar interacções em tempo real, cara a cara. Este toque pessoal é inestimável na atual era digital, em que os consumidores são bombardeados com anúncios online e mensagens de marketing impessoais. Os eventos permitem que as marcas se distanciem do ruído e se liguem ao seu público a um nível mais pessoal.

Uma das principais vantagens do marketing de eventos é o seu potencial para gerar feedback imediato. Ao contrário de outras formas de marketing, os eventos proporcionam reacções instantâneas dos participantes, permitindo que os profissionais de marketing avaliem o interesse, respondam a perguntas e abordem preocupações em tempo real. Este imediatismo pode aumentar significativamente a satisfação e a fidelidade do cliente.

Tipos de eventos no marketing de eventos

O marketing de eventos engloba uma grande variedade de tipos de eventos, cada um com objectivos diferentes e exigindo estratégias únicas. Alguns dos tipos mais comuns incluem:

Feiras e exposições: Estes eventos de grande escala reúnem profissionais do sector e empresas para mostrarem os seus produtos e serviços. As feiras comerciais oferecem excelentes oportunidades para o estabelecimento de contactos, a criação de oportunidades e a exposição da marca.

Conferências e seminários: Estes eventos centram-se na partilha de conhecimentos e ideias numa indústria ou área específica. Normalmente, incluem oradores especializados, painéis de discussão e workshops, proporcionando aos participantes experiências de aprendizagem valiosas.

Lançamentos de produtos: Concebidos para introduzir novos produtos ou serviços no mercado, estes eventos geram agitação e entusiasmo. Um lançamento de produto bem sucedido pode ter um impacto significativo nas vendas de uma empresa e na sua presença no mercado.

Eventos de networking: Estes encontros têm como objetivo facilitar as ligações entre profissionais de um sector. Os eventos de networking podem conduzir a novas oportunidades de negócio, parcerias e colaborações.

Workshops e sessões de formação: Estes eventos proporcionam experiências de aprendizagem prática, permitindo aos participantes adquirir novas competências e conhecimentos. Os workshops são particularmente eficazes para demonstrar as aplicações práticas de um produto ou serviço.

Eventos empresariais: Estes incluem reuniões de toda a empresa, actividades de formação de equipas e celebrações empresariais. Os eventos empresariais ajudam a reforçar as relações internas e a aumentar o moral dos empregados.

Planeamento e execução do marketing de eventos

O marketing de eventos bem sucedido requer um planeamento e uma execução meticulosos. O processo envolve normalmente várias etapas fundamentais:

Definição de objectivos: Objectivos claramente definidos são cruciais para medir o sucesso de um evento. Os objectivos podem incluir a geração de leads, o conhecimento da marca, o envolvimento do cliente ou as vendas.

Identificar o público-alvo: Compreender o público-alvo ajuda a conceber um evento que vá ao encontro dos seus interesses e necessidades. Os dados demográficos, as preferências e o comportamento do público devem ser tidos em conta durante a fase de planeamento.

Orçamento e afetação de recursos: A elaboração de um orçamento é essencial para garantir que todos os aspectos do evento sejam financiados de forma adequada. Isto inclui os custos do local, materiais de marketing, tecnologia, catering e pessoal.

Escolher o local correto: O local do evento desempenha um papel importante na experiência geral do evento. Os factores a considerar incluem a localização, a capacidade, a acessibilidade e as comodidades.

Promoção de eventos: Uma promoção eficaz é fundamental para atrair os participantes. Isto pode ser conseguido através de uma combinação de marketing digital (redes sociais, campanhas de correio eletrónico e anúncios online) e marketing tradicional (folhetos, cartazes e comunicados de imprensa).

Conteúdos e actividades cativantes: O conteúdo e as actividades do evento devem ser cativantes e relevantes para a audiência. Podem incluir discursos de abertura, painéis de discussão, demonstrações ao vivo e sessões interactivas.

Logística e coordenação: É fundamental garantir que todos os aspectos logísticos sejam bem coordenados. Isto inclui os processos de registo, o transporte, o alojamento, o equipamento audiovisual e o apoio no local.

Acompanhamento pós-evento: O acompanhamento dos participantes após o evento ajuda a manter o envolvimento e pode fornecer um feedback valioso. As actividades pós-evento podem incluir o envio de e-mails de agradecimento, a realização de inquéritos e a partilha dos destaques do evento nas redes sociais.

Medir o sucesso do marketing de eventos

Para avaliar a eficácia de uma campanha de marketing de eventos, os profissionais de marketing precisam de medir vários indicadores-chave de desempenho (KPI). Estes podem incluir:

Presença e participação: O número de participantes e o seu nível de participação podem indicar o alcance e o envolvimento do evento.

Geração de contactos: O acompanhamento do número de contactos gerados durante o evento ajuda a determinar o seu impacto nas vendas e no crescimento da empresa.

Envolvimento nas redes sociais: A monitorização da atividade nas redes sociais relacionada com o evento, como menções, partilhas e utilização de hashtags, pode fornecer informações sobre a sua presença e alcance online.

Feedback do cliente: A recolha de feedback dos participantes através de inquéritos e interacções directas pode ajudar a identificar os pontos fortes e as áreas a melhorar.

Retorno do investimento (ROI): O cálculo do ROI de um evento envolve a comparação dos custos incorridos com as receitas geradas ou o valor derivado do evento.

O papel da tecnologia no marketing de eventos

A tecnologia desempenha um papel cada vez mais importante no marketing de eventos, oferecendo ferramentas e plataformas que simplificam o planeamento, a execução e a análise. Alguns dos principais avanços tecnológicos incluem:

Software de gestão de eventos: Estas plataformas ajudam os organizadores a gerir as inscrições, a emissão de bilhetes, a programação e a comunicação com os participantes.

Redes sociais e transmissão em direto: As plataformas de redes sociais permitem a interação e o envolvimento em tempo real com um público mais vasto. A transmissão em direto permite a participação virtual de quem não pode assistir pessoalmente.

Aplicações móveis: As aplicações móveis específicas do evento proporcionam aos participantes um acesso fácil a horários, mapas, informações sobre os oradores e oportunidades de networking.

Realidade virtual e aumentada (RV/RA): As tecnologias de RV e RA criam experiências imersivas que podem aumentar o envolvimento dos participantes e proporcionar oportunidades promocionais únicas.

Ferramentas de análise de dados: As ferramentas analíticas avançadas ajudam os profissionais de marketing a recolher e analisar dados de eventos, oferecendo informações que podem melhorar as estratégias de eventos futuros.

Marketing de causas

O marketing de causas, também conhecido como marketing relacionado com causas, refere-se a uma colaboração entre uma empresa com fins lucrativos e uma organização sem fins lucrativos para benefício mútuo. Esta estratégia não só melhora a imagem de uma empresa e atrai clientes, como também aumenta a consciencialização e os fundos para questões sociais importantes. Num mundo cada vez mais preocupado com a responsabilidade social das empresas (RSE), o marketing de causas surgiu como uma ferramenta poderosa que faz a ponte entre a obtenção de lucros e o bem social.

A evolução do marketing de causas

O conceito de marketing de causas não é totalmente novo. Tem raízes na década de 1970, quando as empresas começaram a perceber que as suas responsabilidades iam além dos accionistas e incluíam um conjunto mais vasto de partes interessadas - funcionários, clientes, comunidades e o ambiente. Um dos primeiros exemplos notáveis de marketing de causas foi a parceria de 1983 entre a American Express e a Statue of Liberty-Ellis Island Foundation. A American Express doou um cêntimo por cada transação com o cartão e um dólar por cada novo cartão emitido, o que resultou numa contribuição substancial para o restauro da Estátua da Liberdade, ao mesmo tempo que aumentou a utilização do cartão e os pedidos de novos cartões.

Este sucesso inicial demonstrou o potencial do marketing de causas para alcançar tanto o impacto social como os benefícios comerciais. Ao longo das décadas, a abordagem evoluiu, com as empresas a integrarem campanhas de marketing de causas mais sofisticadas e estratégicas que se alinham estreitamente com os seus valores fundamentais e objectivos comerciais.

Elementos-chave de um marketing de causas bem sucedido

Uma campanha de marketing de causas bem sucedida depende de vários elementos críticos:

Alinhamento com os valores fundamentais: A causa deve estar em sintonia com a missão, os valores e a identidade da marca da empresa. Por exemplo, uma empresa de vestuário desportivo pode estabelecer parcerias com organizações que promovam a boa forma física e estilos de vida saudáveis.

Autenticidade e transparência: Os consumidores estão cada vez mais informados e cépticos em relação aos motivos subjacentes às acções das empresas. A autenticidade e a transparência sobre as intenções e os resultados da parceria são cruciais para manter a confiança e a credibilidade.

Parcerias estratégicas: A escolha do parceiro sem fins lucrativos correto é essencial. A parceria deve ser estratégica, com objectivos claros e partilhados e um compromisso genuíno com a causa. Esta colaboração deve ser mutuamente benéfica, aproveitando os pontos fortes de ambas as organizações.

Objectivos claros e mensuráveis: A definição de objectivos específicos e mensuráveis para a campanha ajuda a acompanhar os progressos e a demonstrar o impacto. Quer se trate de angariar uma determinada quantia de dinheiro ou de aumentar a sensibilização para um determinado nível, estes objectivos devem ser claramente comunicados a todas as partes interessadas.

Narração de histórias envolventes: As campanhas de marketing de causas eficazes contam histórias convincentes que se relacionam com o público a um nível emocional. A utilização de vários canais de comunicação para partilhar estas histórias ajuda a amplificar a mensagem e a envolver um público mais vasto.

Benefícios do marketing de causas

O marketing de causas oferece uma infinidade de benefícios tanto para empresas como para organizações sem fins lucrativos:

Imagem de marca e lealdade melhoradas: A associação a uma causa nobre pode melhorar significativamente a imagem de uma empresa, tornando-a mais atractiva para os consumidores que preferem apoiar marcas que se alinham com os seus valores. Isto, por sua vez, promove a fidelidade à marca e a retenção de clientes.

Aumento das vendas e diferenciação no mercado: As empresas que integram eficazmente o marketing de causas nas suas estratégias de negócio podem diferenciar-se da concorrência. Esta diferenciação pode levar a um aumento das vendas, uma vez que os consumidores escolhem frequentemente produtos ou serviços de marcas que contribuem para o bem social.

Envolvimento e retenção dos colaboradores: Os funcionários tendem a sentir-se mais empenhados e motivados quando trabalham para uma empresa que está empenhada em causar um impacto positivo. Isto pode levar a uma maior satisfação no trabalho, a taxas de rotatividade reduzidas e a uma cultura de trabalho mais positiva.

Impacto social e consciencialização: As organizações sem fins lucrativos beneficiam do aumento da visibilidade e do financiamento resultante da parceria com empresas com fins lucrativos. Isto permite-lhes avançar com as suas missões de forma mais eficaz, aumentar a sensibilização para questões importantes e promover a mudança social.

Desafios e considerações éticas

Embora o marketing de causas ofereça muitos benefícios, também apresenta desafios e considerações éticas que devem ser abordados:

Perceção de exploração: Existe o risco de as campanhas de marketing de causas serem vistas como exploradoras se os consumidores acreditarem que a empresa está mais focada no lucro do que na causa em si. As empresas devem garantir que os seus esforços são genuínos e que não são vistas como estando a tirar partido da causa para seu benefício.

Transparência e responsabilidade: As empresas devem ser transparentes quanto à extensão das suas contribuições e ao impacto dos seus esforços. Qualquer ambiguidade ou falta de responsabilidade pode levar à desconfiança dos consumidores e prejudicar a reputação da empresa.

Alinhamento e impacto: Nem todas as causas têm o mesmo impacto ou são relevantes para todas as empresas. As empresas devem escolher cuidadosamente as causas que se alinham com a sua marca e que têm um impacto significativo. As parcerias superficiais ou irrelevantes podem ter um efeito contrário, levando a críticas e ceticismo.

Manter o empenhamento: O marketing de causas não deve ser uma campanha pontual, mas sim parte de um compromisso a longo prazo com a responsabilidade social. Manter o envolvimento com a causa ao longo do tempo requer um esforço contínuo, criatividade e investimento.

Exemplos de marketing de causas bem-sucedido

Várias empresas estabeleceram padrões exemplares em matéria de marketing de causas.

Sapatos TOMS: Conhecida pela sua campanha "One for One", a TOMS doa um par de sapatos por cada par vendido. Este conceito simples, mas poderoso, forneceu milhões de sapatos a crianças necessitadas e tornou-se um aspeto fundamental da identidade da marca TOMS.

Ben & Jerry's: A empresa de gelados tem uma longa história de defesa de questões de justiça social, desde as alterações climáticas à igualdade matrimonial. As suas campanhas estão integradas no seu modelo de negócio e estratégias de marketing, demonstrando um profundo compromisso com as causas que apoiam.

Patagónia: A empresa de vestuário para actividades ao ar livre doa 1% das suas vendas a causas ambientais e apoia ativamente organizações ambientais de base. O compromisso da Patagonia para com a sustentabilidade e o ativismo ambiental tem um forte impacto na sua base de clientes.

Inteligência Artificial (IA) no Marketing

A Inteligência Artificial (IA) está a revolucionar o panorama do marketing, oferecendo oportunidades sem precedentes de personalização, eficiência e eficácia. A IA, que envolve a simulação de processos de inteligência humana por máquinas, em particular sistemas informáticos, tornou-se uma pedra angular das estratégias de marketing modernas. Esta tecnologia transformadora está a remodelar a forma como as empresas interagem com os consumidores, analisam dados e tomam decisões.

Aplicações da IA no marketing

As aplicações da IA no marketing são vastas e diversificadas, abrangendo tudo, desde a análise de dados à interação com o cliente. Algumas das aplicações mais proeminentes incluem:

Personalização: A personalização tornou-se um componente essencial de estratégias de marketing eficazes. Os algoritmos de IA analisam grandes quantidades de dados para compreender as preferências e os comportamentos individuais dos consumidores. Isto permite aos profissionais de marketing fornecer conteúdos, recomendações e anúncios altamente personalizados. Por exemplo, os motores de recomendação orientados por IA, como os utilizados pela Amazon e pela Netflix, sugerem produtos e conteúdos com base no comportamento e nas preferências anteriores de um utilizador, melhorando significativamente a experiência do utilizador e aumentando as taxas de conversão.

Segmentação de clientes: A IA permite uma segmentação mais precisa dos clientes, analisando pontos de dados como dados demográficos, histórico de compras e comportamento online. Esta segmentação granular permite que os profissionais de marketing adaptem as suas campanhas a grupos específicos, garantindo que as mensagens ressoam de forma mais eficaz junto de públicos-alvo. Este nível de precisão era anteriormente inatingível com as técnicas de marketing tradicionais.

Chatbots e assistentes virtuais: Os chatbots e os assistentes virtuais alimentados por IA estão a transformar o serviço e o envolvimento do cliente. Estas ferramentas podem lidar com uma vasta gama de tarefas, desde responder a perguntas frequentes até ao processamento de transacções. Os chatbots fornecem respostas imediatas, aumentando a satisfação do cliente e libertando os agentes humanos para lidar com questões mais complexas. Por exemplo, empresas como a Sephora e a H&M utilizam chatbots baseados em IA para ajudar os clientes com perguntas e recomendações sobre produtos.

Análise preditiva: A análise preditiva envolve a utilização de IA para analisar dados históricos e prever resultados futuros. No marketing, isto pode significar a previsão de tendências de vendas, a identificação da potencial rotatividade de clientes ou a previsão de quais os produtos mais populares. Estas informações permitem que os profissionais de marketing tomem decisões baseadas em dados, optimizem as suas estratégias e atribuam recursos de forma mais eficaz.

Benefícios da IA no marketing

A integração da IA nas estratégias de marketing oferece inúmeras vantagens, incluindo:

Eficiência melhorada: A IA automatiza muitas tarefas rotineiras e morosas, como a análise de dados, o marketing por correio eletrónico e a gestão de redes sociais. Esta automatização permite que as equipas de marketing se concentrem no planeamento estratégico e nas tarefas criativas, melhorando a produtividade e a eficiência globais.

Precisão melhorada: Os sistemas de IA são capazes de processar e analisar dados com um elevado grau de precisão. Isto reduz a probabilidade de erro humano e garante que as decisões de marketing se baseiam em informações fiáveis. Uma análise de dados exacta conduz a uma segmentação mais eficaz, a um melhor desempenho da campanha e a um maior retorno do investimento (ROI).

Percepções em tempo real: A IA fornece aos profissionais de marketing informações em tempo real sobre o comportamento dos consumidores e o desempenho das campanhas. Este feedback imediato permite ajustes e optimizações rápidas, garantindo que os esforços de marketing estão sempre alinhados com as tendências actuais e as preferências do público. Os dados em tempo real também permitem estratégias de marketing mais dinâmicas e reactivas.

Redução de custos: Ao automatizar tarefas e melhorar a eficiência, a IA pode reduzir significativamente os custos de marketing. Por exemplo, as ferramentas baseadas em IA podem otimizar os gastos com anúncios, direccionando-os para as oportunidades mais promissoras e minimizando as impressões desperdiçadas. Esta relação custo-eficácia é particularmente benéfica para as pequenas e médias empresas com orçamentos de marketing limitados.

Desafios da IA no marketing

Apesar das suas muitas vantagens, a adoção da IA no marketing também apresenta vários desafios:

Privacidade e segurança dos dados: A utilização da IA requer o acesso a grandes quantidades de dados dos consumidores, o que levanta preocupações sobre a privacidade e a segurança dos dados. Os profissionais de marketing devem navegar por regulamentações complexas, como o Regulamento Geral de Proteção de Dados (GDPR), e garantir que estão tratando os dados de forma ética e responsável. Não o fazer pode resultar em repercussões legais e danos à reputação de uma marca.

Integração com sistemas existentes: A integração de soluções de IA com os sistemas e processos de marketing existentes pode ser complexa e dispendiosa. As organizações poderão ter de investir em novas infra-estruturas e na formação do seu pessoal para utilizarem eficazmente as tecnologias de IA. Esta transição pode ser um desafio, especialmente para as empresas que não são tecnologicamente avançadas.

Preconceito e equidade: Os sistemas de IA podem, por vezes, apresentar preconceitos, o que pode levar a resultados injustos ou discriminatórios. Por exemplo, se um algoritmo de IA for treinado com dados tendenciosos, ele pode perpetuar esses vieses em suas previsões e recomendações. Os profissionais de marketing devem estar atentos para garantir que seus sistemas de IA sejam justos e imparciais, o que geralmente requer monitoramento e ajuste contínuos.

Dependência da qualidade dos dados: A eficácia da IA no marketing depende em grande medida da qualidade dos dados que processa. Dados de baixa qualidade podem levar a insights imprecisos e decisões abaixo do ideal. Os profissionais de marketing devem garantir que as suas práticas de recolha e gestão de dados são robustas e que estão a trabalhar com dados limpos e de alta qualidade.

O futuro da IA no marketing

O futuro da IA no marketing é promissor, esperando-se que os avanços contínuos transformem ainda mais o sector. Algumas tendências emergentes e potenciais desenvolvimentos incluem:

Personalização avançada: À medida que as tecnologias de IA continuam a evoluir, a personalização tornar-se-á ainda mais sofisticada. Os futuros sistemas de IA serão capazes de antecipar as necessidades e preferências dos consumidores com maior precisão, proporcionando experiências hiper-personalizadas que impulsionam o envolvimento e a lealdade.

Pesquisa visual e por voz: A IA está a impulsionar a adoção de tecnologias de pesquisa visual e por voz, que estão a mudar a forma como os consumidores interagem com as marcas. Os assistentes de voz, como a Alexa da Amazon e o Assistente da Google, estão cada vez mais integrados na vida quotidiana, enquanto as ferramentas de pesquisa visual permitem que os utilizadores pesquisem utilizando imagens em vez de texto. Os profissionais de marketing terão de otimizar as suas estratégias para estes novos paradigmas de pesquisa.

Criação de conteúdos com base em IA: A IA já está a ser utilizada para criar conteúdos, tais como linhas de assunto de e-mail personalizadas e publicações nas redes sociais. No futuro, a IA poderá desempenhar um papel ainda mais importante na criação de conteúdos, produzindo artigos, vídeos e outros materiais de elevada qualidade que são adaptados a públicos e contextos específicos.

Práticas éticas de IA: À medida que o uso da IA no marketing cresce, haverá um foco crescente nas práticas éticas de IA. Os profissionais de marketing terão de garantir que os seus sistemas de IA são transparentes, responsáveis e justos, e que estão a dar prioridade à confiança e à privacidade do consumidor.

A sinergia entre IA, marketing de eventos e marketing de causas

No panorama do marketing moderno, a integração da inteligência artificial (IA) tornou-se um fator de mudança, melhorando vários aspectos do marketing de eventos e de causas. Esta sinergia cria oportunidades para estratégias de marketing personalizadas, eficientes e impactantes que ressoam com o público a um nível mais profundo. Compreender como a IA se cruza com estes domínios de marketing é crucial para as organizações que pretendem manter-se à frente num ambiente cada vez mais competitivo.

Compreender o marketing de eventos

O marketing de eventos envolve a promoção de produtos, serviços ou valores de marca através de eventos presenciais ou virtuais. Estes eventos vão desde conferências e feiras comerciais de grande escala a reuniões mais pequenas, como webinars e workshops. O principal objetivo é envolver o público, fomentar relações e criar experiências memoráveis que promovam a fidelidade à marca e a aquisição de clientes.

O papel da IA no marketing de eventos

A IA revoluciona o marketing de eventos ao fornecer ferramentas que simplificam os processos de planeamento, execução e acompanhamento. Eis várias formas de a IA melhorar o marketing de eventos:

Personalização e segmentação do público:

A IA permite uma segmentação precisa do público, analisando grandes quantidades de dados de várias fontes. Os profissionais de marketing podem usar algoritmos de IA para identificar preferências e comportamentos específicos do público, permitindo convites para eventos sob medida e experiências personalizadas. Este nível de personalização aumenta o envolvimento e a satisfação dos participantes.

Chatbots e assistentes virtuais: Os chatbots e assistentes virtuais alimentados por IA estão a tornar-se parte integrante do marketing de eventos. Essas ferramentas podem lidar com uma ampla gama de tarefas, desde responder a perguntas dos participantes em tempo real até fornecer recomendações personalizadas. Ao automatizar estas interacções, as organizações podem oferecer uma experiência de cliente perfeita e eficiente sem sobrecarregar o pessoal humano.

Análise de dados e percepções: A capacidade da IA de processar e analisar grandes conjuntos de dados ajuda os profissionais de marketing a obter informações valiosas sobre o desempenho do evento. A análise preditiva pode prever o comportamento dos participantes, otimizar os horários dos eventos e sugerir melhorias para eventos futuros. Esta abordagem orientada para os dados garante que os eventos são continuamente aperfeiçoados para obter o máximo impacto.

Oportunidades de networking melhoradas: A IA facilita melhores oportunidades de networking em eventos, combinando os participantes com interesses ou objectivos comerciais semelhantes. As aplicações de networking alimentadas por IA podem sugerir contactos relevantes, facilitando a criação de ligações significativas para os participantes. Esta funcionalidade aumenta o valor global da participação no evento.

Compreender o marketing de causas

O marketing de causas envolve a colaboração entre uma empresa com fins lucrativos e uma organização sem fins lucrativos para promover uma causa social ou ambiental. Este tipo de marketing procura alinhar uma marca com uma causa que se identifique com o seu público-alvo, melhorando assim a imagem e a fidelidade à marca e contribuindo simultaneamente para o bem-estar da sociedade.

O papel da IA no marketing de causas

A IA também desempenha um papel transformador no marketing de causas, permitindo campanhas mais eficazes e direccionadas. Eis algumas das principais aplicações:

Identificar causas relevantes: A IA pode analisar os dados dos consumidores para identificar quais as causas que mais se adequam ao público-alvo de uma marca. Ao compreender os valores e preferências dos consumidores, as marcas podem alinhar-se com as causas que têm maior probabilidade de melhorar a sua reputação e promover a lealdade.

Otimização das estratégias de campanha: A IA ajuda a conceber e otimizar as campanhas de marketing de causas, prevendo o seu potencial impacto. Os algoritmos de aprendizagem automática podem avaliar o desempenho de campanhas anteriores e recomendar estratégias susceptíveis de produzir os melhores resultados. Isto garante que os esforços de marketing são eficientes e eficazes.

Narração de histórias melhorada: As ferramentas baseadas em IA podem ajudar a criar narrativas convincentes em torno de uma causa. O processamento de linguagem natural (PNL) e a geração de conteúdo orientado por IA podem ajudar a criar histórias que envolvam emocionalmente o público, tornando a causa mais identificável e atraente.

Medição do impacto e do ROI: A IA fornece ferramentas robustas para medir o impacto das campanhas de marketing de causas. A análise avançada pode acompanhar várias métricas, como o envolvimento do consumidor, a perceção da marca e o alcance das redes sociais. Estas informações permitem aos profissionais de marketing avaliar o retorno do investimento (ROI) e aperfeiçoar as suas estratégias em conformidade.

Sinergia entre IA, marketing de eventos e marketing de causas

A intersecção da IA com o marketing de eventos e de causas cria uma sinergia poderosa que amplifica os pontos fortes de cada abordagem. Esta sinergia pode ser compreendida através das seguintes dimensões:

Personalização e engajamento aprimorados: A combinação da IA com o marketing de eventos e causas permite níveis de personalização sem precedentes. Os insights orientados por IA permitem que os profissionais de marketing criem experiências personalizadas que ressoam com participantes e apoiantes individuais. Quer se trate de agendas de eventos personalizadas ou de conteúdo relacionado com a causa, esta abordagem promove um maior envolvimento e lealdade.

Atribuição eficiente de recursos: A IA optimiza a atribuição de recursos ao prever o sucesso de várias estratégias e ao identificar as tácticas mais eficazes. Para o marketing de eventos, isto significa um planeamento e execução mais eficientes, reduzindo os custos e maximizando o impacto. No marketing de causas, a IA garante que os esforços são direccionados para as causas e estratégias mais impactantes.

Adaptação e capacidade de resposta em tempo real: A IA permite a monitorização e adaptação em tempo real das estratégias de marketing. No caso dos eventos, isto significa ser capaz de ajustar elementos como os horários dos oradores, os tópicos das sessões e as oportunidades de networking com base no feedback e no comportamento dos participantes. No marketing de causas, a IA pode acompanhar o desempenho da campanha e o sentimento do público, permitindo ajustes imediatos para maximizar os resultados positivos.

Melhoria da narração de histórias e da criação de conteúdos: As ferramentas de IA melhoram o aspeto narrativo do marketing de eventos e de causas. Ao analisar os dados do público, a IA pode ajudar a criar conteúdo que ressoa profundamente com o público-alvo. Isto é crucial para o marketing de causas, em que o envolvimento emocional é fundamental para impulsionar o apoio e os donativos. Para os eventos, o conteúdo atraente mantém os participantes envolvidos e investidos na marca.

Medição abrangente do impacto: A integração da IA proporciona uma abordagem abrangente para medir o impacto dos esforços de marketing. Para o marketing de eventos, a IA pode analisar o envolvimento dos participantes, a satisfação e o ROI global. No marketing de causas, a IA pode avaliar o impacto social, a perceção pública e o desempenho financeiro das campanhas. Esta visão holística permite uma melhoria contínua e uma tomada de decisões mais estratégica.

CAPÍTULO 2
O papel da IA no marketing moderno

Ashwani Kumar

Escola de Engenharia e Tecnologia

K. R. Mangalam University, Gurugram, Haryana, Índia

Deepak Singh

Departamento de Engenharia e Tecnologia

ABES(IT), Ghaziabad, Uttar Pradesh, Índia

Introdução

A Inteligência Artificial (IA) revolucionou o panorama do marketing, oferecendo oportunidades sem precedentes para as empresas se envolverem com os seus públicos de forma mais eficaz. A evolução da IA no marketing tem sido marcada por marcos significativos, desde a adoção inicial de ferramentas básicas de automatização até aos sofisticados sistemas de IA orientados para os dados que vemos atualmente. Este percurso reflecte a importância crescente dos dados, a sofisticação crescente dos algoritmos de IA e as capacidades sempre em expansão da tecnologia.

Os primeiros dias da IA no marketing

A fase inicial da IA no marketing começou com ferramentas de automatização simples nas décadas de 1980 e 1990. Estas ferramentas eram utilizadas principalmente para automatizar tarefas repetitivas, como o envio de e-mails e a gestão de bases de dados de clientes. Proporcionavam melhorias básicas de eficiência, mas não tinham a inteligência necessária para tomar decisões baseadas em dados ou proporcionar experiências personalizadas.

Durante este período, o papel da IA no marketing foi limitado pelo estado nascente da tecnologia e pela falta de dados digitais substanciais. As estratégias de marketing baseavam-se fortemente em métodos tradicionais, como a imprensa escrita e a publicidade televisiva, com pouco espaço para interacções personalizadas com os clientes. No entanto, estavam a ser lançadas as bases para aplicações de IA mais avançadas à medida que o poder computacional e os métodos de recolha de dados melhoravam.

Ascensão do marketing orientado para os dados

O final da década de 1990 e o início da década de 2000 assistiram à ascensão da Internet e à transformação digital das empresas. Esta era marcou o início do marketing orientado para os dados, em que as empresas começaram a recolher grandes quantidades de dados das interacções em linha. A introdução de ferramentas de análise da Web permitiu aos profissionais de marketing acompanhar o comportamento, as preferências e o envolvimento dos utilizadores nas plataformas digitais.

Os algoritmos de IA começaram a evoluir, tirando partido destes dados para obter informações sobre o comportamento dos consumidores. A aprendizagem automática (ML), um subconjunto da IA, tornou-se fundamental na análise de grandes conjuntos de dados e na identificação de padrões que anteriormente não eram detectáveis. Os profissionais de marketing começaram a utilizar algoritmos de aprendizagem automática para segmentar públicos, prever as preferências dos clientes e otimizar as campanhas de marketing.

Um dos avanços significativos durante este período foi o desenvolvimento de sistemas de recomendação. Empresas como a Amazon e a Netflix foram pioneiras na utilização da IA para fornecer recomendações personalizadas com base no comportamento e nas preferências dos utilizadores. Estes sistemas não só melhoraram a experiência do cliente, como também aumentaram significativamente as vendas e a retenção de clientes.

Emergência de aplicações avançadas de IA

A década de 2010 marcou o início de uma nova era de aplicações avançadas de IA no marketing. Com a proliferação das redes sociais, dos dispositivos móveis e da computação em nuvem, o volume e a variedade de dados disponíveis para análise aumentaram exponencialmente. As tecnologias de IA evoluíram para lidar com esta complexidade, conduzindo a soluções de marketing mais sofisticadas e precisas.

O processamento de linguagem natural (PNL) e a análise de sentimentos tornaram-se ferramentas essenciais para compreender as opiniões e emoções dos consumidores expressas em texto. Os profissionais de marketing utilizaram estas ferramentas para analisar as conversas nas redes sociais, as críticas e o feedback dos clientes para avaliar o sentimento da marca e ajustar as suas estratégias em conformidade.

Os chatbots e assistentes virtuais baseados em IA surgiram como ferramentas poderosas para melhorar o envolvimento e o suporte ao cliente. Estes sistemas utilizaram a PNL para compreender e responder aos pedidos de informação dos clientes em tempo real, fornecendo assistência personalizada e melhorando a experiência geral do cliente. Os chatbots não só reduziram os tempos de resposta, como também permitiram às empresas lidar com um maior volume de interacções com os clientes de forma eficiente.

Análise preditiva com base em IA

A análise preditiva, alimentada pela IA, transformou a forma como os profissionais de marketing abordam a tomada de decisões. Ao analisar dados históricos e identificar tendências, os algoritmos de IA podem prever resultados futuros e comportamentos dos clientes com uma precisão notável. Esta capacidade permite que os profissionais de marketing tomem decisões baseadas em dados e adaptem as suas estratégias para satisfazer as necessidades dos clientes de forma proactiva.

Por exemplo, a análise preditiva pode prever quais os clientes com maior probabilidade de abandono, permitindo às empresas implementar estratégias de retenção antes de perderem clientes valiosos. Também pode prever o sucesso das campanhas de marketing, optimizando a atribuição de recursos e maximizando o retorno do investimento (ROI).

A análise preditiva orientada para a IA também melhorou a pontuação de leads e a segmentação de clientes. Através da análise de dados comportamentais e demográficos, a IA pode identificar leads de elevado valor e segmentar públicos com maior precisão. Isto garante que os esforços de marketing são direccionados para os potenciais clientes mais promissores, aumentando a eficiência e a eficácia das campanhas.

Personalização em escala

Uma das contribuições mais significativas da IA para o marketing é a capacidade de fornecer personalização em escala. Os algoritmos de IA analisam grandes quantidades de dados para compreender as preferências, os comportamentos e os históricos de compras individuais dos clientes. Isto permite às empresas criar mensagens de marketing altamente personalizadas e ofertas adaptadas a cada cliente.

A geração de conteúdos dinâmicos, alimentada por IA, permite que os profissionais de marketing forneçam conteúdos personalizados em vários canais, incluindo websites, e-mails e redes sociais. Por exemplo, a IA pode personalizar as experiências do sítio Web com base nas interacções anteriores de um visitante, apresentando produtos e conteúdos relevantes que correspondem aos seus interesses.

O marketing por correio eletrónico também beneficiou da personalização orientada para a IA. Os algoritmos de IA podem analisar os dados dos clientes para determinar o momento, a frequência e o conteúdo ideais para as campanhas de correio eletrónico, assegurando que as mensagens ressoam com os destinatários e impulsionam o envolvimento.

O futuro da IA no marketing

A evolução da IA no marketing está longe de ter terminado. À medida que a tecnologia continua a avançar, podemos esperar aplicações e capacidades ainda mais inovadoras que irão transformar ainda mais o panorama do marketing.

Uma área promissora é a integração da IA com a realidade aumentada (RA) e a realidade virtual (RV). Estas tecnologias oferecem experiências imersivas que podem melhorar o envolvimento do cliente e fornecer novas vias para o marketing. A IA pode analisar as interacções dos utilizadores em ambientes de RA e RV para proporcionar experiências e recomendações personalizadas.

Outra tendência emergente é a utilização da IA no marketing ético e sustentável. À medida que os consumidores se tornam mais conscientes das questões éticas e ambientais, a IA pode ajudar as empresas a alinhar as suas estratégias de marketing com estes valores. Os algoritmos de IA podem analisar o impacto das campanhas de marketing na sustentabilidade e garantir que as mensagens ressoam junto dos consumidores socialmente conscientes.

Além disso, o desenvolvimento da IA explicável (XAI) está preparado para enfrentar um dos desafios significativos na adoção da IA - a natureza de caixa negra de muitos algoritmos de IA. A XAI tem como objetivo tornar as decisões de IA mais transparentes e compreensíveis, criando confiança junto dos consumidores e das entidades reguladoras.

Principais tecnologias de IA que estão a transformar o marketing

A Inteligência Artificial (IA) está a revolucionar o panorama do marketing ao permitir estratégias mais eficientes, personalizadas e orientadas para os dados. À medida que as tecnologias de IA continuam a avançar, estão a oferecer aos profissionais de marketing ferramentas sem precedentes para compreender e envolver os seus públicos, otimizar campanhas e impulsionar o crescimento do negócio.

Aprendizagem automática: A aprendizagem automática (ML), um subconjunto da IA, envolve o desenvolvimento de algoritmos que permitem aos computadores aprender e tomar decisões com base em dados. No marketing, o ML é crucial para a análise preditiva, a segmentação de clientes e o marketing personalizado.

Análise preditiva: Os algoritmos de ML analisam dados históricos para prever resultados futuros, como o comportamento do cliente e as tendências de vendas. Os profissionais de marketing utilizam estas previsões para otimizar o inventário, planear campanhas de marketing e atribuir recursos de forma eficaz. Por exemplo, uma plataforma de comércio eletrónico pode utilizar a análise preditiva para prever a procura de produtos durante as diferentes estações do ano, assegurando o armazenamento da quantidade certa de inventário.

Segmentação de clientes: O ML ajuda a segmentar os clientes em grupos distintos com base no seu comportamento, preferências e dados demográficos. Esta segmentação permite aos profissionais de marketing adaptar as suas mensagens e ofertas a grupos de clientes específicos, aumentando a relevância e o envolvimento. Por exemplo, um serviço de streaming pode categorizar os utilizadores com base nos seus hábitos de visualização e recomendar conteúdos personalizados para os manter envolvidos.

Marketing personalizado: Ao analisar grandes quantidades de dados, os algoritmos de ML podem criar experiências de marketing personalizadas para cada cliente. Isto inclui campanhas de correio eletrónico personalizadas, recomendações de produtos e anúncios direccionados. Por exemplo, a Amazon utiliza o ML para recomendar produtos aos utilizadores com base no seu histórico de navegação e de compras, aumentando significativamente as taxas de conversão.

Processamento de linguagem natural (PNL): O Processamento de Linguagem Natural (PLN) permite às máquinas compreender, interpretar e gerar linguagem humana. No marketing, a PNL está a transformar a forma como as marcas interagem com os clientes e analisam os dados textuais.

Chatbots e assistentes virtuais: Os chatbots e assistentes virtuais alimentados por PNL fornecem apoio ao cliente instantâneo e personalizado. Estas ferramentas de IA podem lidar com uma vasta gama de questões, desde responder a perguntas comuns até ao processamento de encomendas, libertando os agentes humanos para tarefas mais complexas. Por exemplo, o chatbot num site de retalho pode ajudar os clientes a encontrar produtos, verificar o estado da encomenda e fornecer recomendações personalizadas.

Análise de sentimentos: A PNL permite a análise do feedback dos clientes, das críticas e das menções nas redes sociais para avaliar o sentimento do público em relação a uma marca ou produto. Os profissionais de marketing podem utilizar a análise de sentimentos para compreender as opiniões dos clientes, identificar tendências emergentes e resolver potenciais problemas de forma proactiva. Por exemplo, uma empresa pode analisar as publicações nas redes sociais para determinar a opinião dos clientes sobre o lançamento de um novo produto e ajustar a sua estratégia de marketing em conformidade.

Criação e otimização de conteúdos: A PNL pode ajudar a gerar e otimizar o conteúdo de marketing. As ferramentas de IA podem criar publicações em blogues, actualizações de redes sociais e campanhas de correio eletrónico adaptadas a públicos específicos. Além disso, os algoritmos de PNL podem analisar o conteúdo existente para sugerir melhorias para um melhor envolvimento e desempenho de SEO. Por exemplo, uma ferramenta de IA pode recomendar optimizações de palavras-chave para uma publicação de blogue para aumentar a sua visibilidade nos resultados dos motores de busca.

Visão por computador: A Visão por Computador (CV) é um domínio da IA que permite às máquinas interpretar e tomar decisões com base em dados visuais. No marketing, a CV é utilizada para reconhecimento de imagens, análise de vídeo e experiências de realidade aumentada (RA).

Reconhecimento de imagens: Os algoritmos CV podem analisar e categorizar imagens, tornando possível aos profissionais de marketing gerir e pesquisar grandes bases de dados de imagens de forma eficiente. Esta tecnologia também é utilizada na monitorização das redes sociais para localizar logótipos de marcas e produtos em conteúdos gerados pelos utilizadores. Por exemplo, uma marca de moda pode utilizar o reconhecimento de imagens para identificar os seus produtos nas publicações do Instagram e interagir com os clientes que partilham fotografias com os seus artigos.

Análise de vídeo: A CV é utilizada para analisar conteúdos de vídeo para obter informações de marketing, como a identificação de cenas populares, a deteção de emoções e a medição do envolvimento. Os profissionais de marketing podem utilizar estas informações para criar conteúdos de vídeo mais apelativos e melhorar a retenção de espectadores. Por exemplo, uma plataforma de streaming de vídeo pode analisar os dados de envolvimento dos espectadores para determinar quais as cenas de uma série que são mais populares e utilizar essa informação para promover a série de forma mais eficaz.

Realidade Aumentada (RA): A RA, alimentada por CV, proporciona experiências imersivas que misturam os mundos digital e físico. As marcas utilizam a RA para campanhas de marketing interactivas, permitindo que os clientes visualizem os produtos no seu ambiente antes de efectuarem uma compra. Por exemplo, um retalhista de mobiliário pode oferecer uma aplicação de RA que permite aos clientes ver como ficaria uma peça de mobiliário em casa, melhorando a experiência de compra e reduzindo a probabilidade de devoluções.

Publicidade com base em IA: As tecnologias de IA estão a revolucionar o mundo da publicidade digital, tornando as campanhas publicitárias mais direccionadas, eficientes e eficazes.

Publicidade programática: A publicidade programática orientada por IA automatiza a compra e venda de espaço publicitário em tempo real, garantindo que os anúncios são apresentados ao público certo no momento certo. Esta tecnologia utiliza dados e algoritmos de aprendizagem automática para licitar espaços publicitários em várias plataformas, optimizando os gastos com anúncios e maximizando o ROI. Por exemplo, uma empresa de viagens pode utilizar a publicidade programática para visar utilizadores que tenham pesquisado recentemente voos ou hotéis, aumentando a probabilidade de conversões.

Otimização dinâmica de criativos (DCO): A DCO utiliza IA para criar e fornecer conteúdos de anúncios personalizados em tempo real. A tecnologia analisa os dados do utilizador para adaptar os anúncios criativos, como imagens, texto e apelos à ação, a cada espetador. Por exemplo, um retalhista online pode utilizar a DCO para mostrar diferentes recomendações de produtos aos utilizadores com base no seu histórico de navegação e preferências.

Licitação preditiva: Os algoritmos de IA analisam o desempenho de anúncios anteriores e o comportamento dos utilizadores para prever o sucesso de futuras licitações em leilões online. Isto permite aos anunciantes licitar de forma mais estratégica, garantindo que os seus anúncios chegam a públicos de elevado valor, minimizando os custos. Por exemplo, um anunciante pode utilizar a licitação preditiva para ajustar as suas licitações com base na probabilidade de conversão de um utilizador, garantindo que obtém o melhor retorno possível dos seus gastos com anúncios.

Automatização do marketing: As ferramentas de automatização de marketing alimentadas por IA simplificam e melhoram vários processos de marketing, desde a geração de leads até à gestão da relação com o cliente.

Automatização do marketing por correio eletrónico: As plataformas de marketing por e-mail orientadas por IA podem segmentar públicos, personalizar conteúdos e otimizar os tempos de envio para melhorar as taxas de abertura e de cliques. Estas plataformas analisam o comportamento do utilizador para enviar a mensagem certa no momento certo. Por exemplo, uma ferramenta de IA pode enviar um e-mail de acompanhamento a um cliente que abandonou o carrinho de compras, oferecendo um desconto para o incentivar a concluir a compra.

Gestão das relações com os clientes (CRM): Os sistemas de CRM alimentados por IA fornecem informações profundas sobre as interacções com os clientes, ajudando as empresas a criar relações mais fortes e a melhorar a retenção de clientes. Estes sistemas podem prever as necessidades dos clientes, automatizar os acompanhamentos e personalizar a comunicação. Por exemplo, um CRM baseado em IA pode alertar um representante de vendas para contactar um cliente de elevado valor que não tenha feito uma compra recentemente, oferecendo um incentivo personalizado para o reencontrar.

Pontuação e nutrição de leads: As ferramentas de IA analisam os potenciais clientes potenciais para os classificar com base na sua probabilidade de conversão, permitindo às equipas de vendas dar prioridade aos clientes potenciais de elevado valor. Além disso, as campanhas de nutrição orientadas por IA podem enviar automaticamente conteúdo relevante para os leads com base no seu comportamento e interesses, fazendo-os avançar no funil de vendas de forma mais eficiente. Por exemplo, uma ferramenta de IA pode identificar um cliente potencial que visita frequentemente a página de preços de uma empresa e enviar-lhe um estudo de caso personalizado para o ajudar a tomar uma decisão de compra.

Benefícios da IA nas campanhas de marketing

A Inteligência Artificial (IA) evoluiu rapidamente para se tornar uma pedra angular no sector do marketing. As suas capacidades vão muito para além da simples automatização, fornecendo ferramentas e conhecimentos sofisticados que permitem aos profissionais de marketing executar campanhas mais eficazes, personalizadas e eficientes.

Melhoria das percepções dos clientes: Um dos benefícios mais significativos da IA no marketing é a sua capacidade de fornecer informações profundas sobre os clientes. Os algoritmos de IA podem analisar grandes quantidades de dados de várias fontes, incluindo redes sociais, interações de sites e históricos de compras. Essa análise ajuda a entender o comportamento, as preferências e as tendências do cliente.

A IA pode identificar padrões que podem passar despercebidos aos humanos, permitindo aos profissionais de marketing segmentar o seu público com maior precisão. Estas informações permitem a criação de campanhas de marketing altamente direccionadas que se repercutem em segmentos específicos de clientes, melhorando o envolvimento e as taxas de conversão.

Personalização em escala: A personalização tornou-se um componente crítico do marketing eficaz. Os clientes esperam conteúdos e ofertas que sejam relevantes para os seus interesses e necessidades. A IA permite que os profissionais de marketing ofereçam experiências personalizadas em escala. Através de algoritmos de aprendizagem automática, a IA pode prever em que conteúdos, produtos ou serviços um cliente pode estar interessado com base no seu comportamento e preferências anteriores.

Por exemplo, os motores de recomendação utilizados por plataformas como a Amazon e a Netflix analisam os dados do utilizador para sugerir produtos ou programas de que o utilizador provavelmente gostará. Este nível de personalização não só melhora a experiência do cliente, como também impulsiona as vendas e a fidelização.

Melhoria do envolvimento do cliente: Os chatbots e os assistentes virtuais alimentados por IA revolucionaram o serviço e o envolvimento do cliente. Essas ferramentas podem lidar com uma ampla gama de interações com o cliente, desde responder a perguntas comuns até fornecer recomendações personalizadas de produtos e solucionar problemas.

Os chatbots estão disponíveis 24 horas por dia, 7 dias por semana, garantindo que os clientes recebem assistência imediata, independentemente da hora do dia. Esta disponibilidade constante pode melhorar significativamente a satisfação e a retenção dos clientes. Além disso, à medida que a tecnologia de IA avança, os chatbots estão a tornar-se mais sofisticados, capazes de compreender a linguagem natural e de proporcionar interacções mais semelhantes às humanas.

Automatização eficiente do marketing: A IA impulsiona a automatização do marketing, tornando mais eficientes as tarefas repetitivas e morosas. O marketing por correio eletrónico, a publicação nas redes sociais e a gestão de anúncios são áreas em que a IA pode simplificar as operações. Por exemplo, a IA pode segmentar automaticamente as listas de correio eletrónico com base no comportamento do cliente, enviar campanhas de correio eletrónico personalizadas e otimizar os tempos de envio para um envolvimento máximo.

No marketing das redes sociais, as ferramentas de IA podem programar publicações, analisar métricas de envolvimento e até gerar conteúdos. Esta automatização não só poupa tempo, como também garante que os esforços de marketing são consistentes e orientados para os dados.

Análise avançada de dados e modelação preditiva: A IA melhora a análise de dados fornecendo ferramentas avançadas para a modelação preditiva. A análise preditiva envolve a utilização de dados históricos para prever resultados futuros. No marketing, isto pode significar a previsão de vendas, a previsão da rotatividade de clientes ou a identificação de potenciais contactos.

Os algoritmos de IA analisam as interacções e os comportamentos anteriores dos clientes para prever acções futuras. Isto permite aos profissionais de marketing serem proactivos em vez de reactivos. Por exemplo, uma empresa pode utilizar a análise preditiva para identificar quais os clientes com maior probabilidade de abandono e, em seguida, implementar estratégias de retenção direccionadas para os manter envolvidos.

Gastos com anúncios optimizados: A IA pode otimizar os gastos com anúncios, analisando os dados em tempo real e ajustando as estratégias em conformidade. A publicidade programática, que utiliza a IA para automatizar a compra de anúncios, garante que os anúncios são apresentados às pessoas certas no momento certo. A IA pode analisar o desempenho de diferentes criativos de anúncios, posicionamentos e opções de segmentação e, em seguida, atribuir o orçamento às combinações com melhor desempenho.

Este nível de otimização reduz o desperdício e aumenta o retorno do investimento (ROI) das campanhas publicitárias. Os profissionais de marketing podem concentrar os seus orçamentos nas estratégias que produzem os melhores resultados, em vez de se basearem em suposições ou análises manuais.

Criação de conteúdos melhorada: A IA também está a fazer progressos na criação de conteúdos. As tecnologias de processamento e geração de linguagem natural (PNL) permitem à IA criar conteúdos escritos coerentes e contextualmente relevantes. Ferramentas como o GPT-3, desenvolvido pela OpenAI, podem gerar artigos, publicações nas redes sociais e até guiões de vídeo.

Estas ferramentas de conteúdo geradas por IA podem ajudar os profissionais de marketing a produzir grandes volumes de conteúdo rapidamente, garantindo um fluxo constante de material para as suas campanhas. Embora a criatividade e a supervisão humanas continuem a ser essenciais, a IA pode tratar dos aspectos mais rotineiros da criação de conteúdos, libertando os profissionais de marketing para se concentrarem na estratégia e na inovação.

Análise de sentimentos: Compreender o sentimento do cliente é crucial para um marketing eficaz. As ferramentas de análise de sentimentos alimentadas por IA podem avaliar as opiniões e os sentimentos dos clientes com base nas suas interacções nas redes sociais, nas críticas e noutros conteúdos online. Esta análise fornece informações valiosas sobre a forma como os clientes percepcionam uma marca ou um produto.

Ao monitorizar o sentimento em tempo real, as empresas podem responder rapidamente ao feedback negativo, capitalizar as tendências positivas e ajustar as suas estratégias de marketing em conformidade. A análise do sentimento ajuda a manter uma imagem de marca positiva e a construir relações mais fortes com os clientes.

Tomada de decisões em tempo real: No atual cenário digital de ritmo acelerado, a tomada de decisões em tempo real é vital. A IA permite que os profissionais de marketing tomem decisões baseadas em dados em tempo real. Os painéis de análise em tempo real alimentados por IA fornecem informações actualizadas sobre o desempenho da campanha, o comportamento do cliente e as tendências do mercado.

Os profissionais de marketing podem utilizar estas informações para ajustar as suas estratégias de forma dinâmica, optimizando as campanhas à medida que estas são executadas. Esta agilidade garante que os esforços de marketing estão sempre alinhados com os dados actuais, maximizando a sua eficácia e eficiência.

Considerações éticas sobre o marketing orientado para a IA

A Inteligência Artificial (IA) revolucionou o panorama do marketing, oferecendo capacidades sem precedentes na análise de dados, personalização de clientes e análise preditiva. No entanto, a integração da IA no marketing também levanta considerações éticas significativas que as empresas devem abordar para garantir uma utilização responsável e justa.

Privacidade dos dados: Uma das principais preocupações éticas no marketing orientado para a IA é a privacidade dos dados. Os sistemas de IA dependem fortemente de grandes quantidades de dados pessoais para funcionarem eficazmente. Estes dados incluem hábitos de navegação, histórico de compras, dados de localização e até atividade nas redes sociais. A recolha e utilização desses dados levanta questões críticas de privacidade. Os consumidores estão cada vez mais preocupados com a forma como os seus dados estão a ser utilizados, armazenados e partilhados.

Para responder a estas preocupações, os profissionais de marketing devem dar prioridade à proteção de dados e garantir a conformidade com regulamentos como o Regulamento Geral de Proteção de Dados (RGPD) na Europa e a Lei de Privacidade do Consumidor da Califórnia (CCPA) nos Estados Unidos. Estes regulamentos exigem práticas transparentes de recolha de dados, dando aos consumidores o direito de saber que dados são recolhidos, como são utilizados e a possibilidade de optarem por não participar. As empresas devem implementar medidas robustas de segurança de dados e tornar os dados anónimos sempre que possível para proteger as identidades dos consumidores.

Preconceito e discriminação: Os sistemas de IA aprendem com dados históricos, que podem incluir preconceitos presentes nos dados. Se não forem cuidadosamente geridos, os algoritmos de IA podem perpetuar ou mesmo exacerbar estes preconceitos. Por exemplo, um sistema de IA treinado com base em dados tendenciosos pode favorecer determinados grupos demográficos em detrimento de outros em campanhas de marketing, conduzindo a práticas discriminatórias.

Para atenuar esta situação, é essencial desenvolver modelos de IA tendo em conta a equidade. Isto inclui a utilização de diversos conjuntos de dados de formação, a auditoria regular dos sistemas de IA para detetar resultados tendenciosos e a incorporação de restrições de equidade nos algoritmos. As empresas devem também promover equipas diversificadas para supervisionar o desenvolvimento da IA, garantindo uma variedade de perspectivas na criação e implementação destes sistemas.

Transparência: A transparência no marketing orientado para a IA é crucial para criar confiança junto dos consumidores. Muitos sistemas de IA funcionam como "caixas negras", em que os processos de tomada de decisão não são transparentes ou compreensíveis para os utilizadores. Esta falta de transparência pode levar à desconfiança e à suspeita dos consumidores.

Os profissionais de marketing devem esforçar-se por tornar os sistemas de IA mais transparentes, fornecendo explicações claras sobre a forma como a IA toma decisões. Isto inclui informar os consumidores quando a IA é utilizada nos processos de marketing e explicar a lógica subjacente aos anúncios direccionados ou às recomendações personalizadas. O desenvolvimento de modelos de IA explicáveis que ofereçam informações sobre os seus processos de tomada de decisões pode ajudar a desmistificar a IA e a criar confiança nos consumidores.

Responsabilidade: Com a crescente utilização da IA no marketing, as questões de responsabilidade tornam-se mais proeminentes. Quando os sistemas de IA tomam decisões erróneas ou prejudiciais, é crucial determinar quem é o responsável. São os programadores, os cientistas de dados ou a organização que utiliza o sistema de IA?

É essencial estabelecer quadros claros de responsabilização. As empresas devem implementar mecanismos de supervisão para monitorizar o desempenho do sistema de IA e resolver quaisquer problemas que surjam. Isso inclui a criação de conselhos ou comités de ética de IA responsáveis por garantir práticas éticas de IA dentro da organização. Além disso, deve haver diretrizes claras para lidar com os danos causados pelas decisões de IA, incluindo compensação para os indivíduos afetados e ações corretivas para evitar ocorrências futuras.

Impacto no emprego: A adoção da IA no marketing também suscita preocupações quanto ao seu impacto no emprego. A automatização impulsionada pela IA pode levar à deslocação de postos de trabalho, especialmente em funções que envolvem tarefas de rotina, como a introdução de dados, o atendimento ao cliente e o trabalho analítico básico. Embora a IA possa criar novas oportunidades de emprego, é essencial ter em conta o período de transição e os indivíduos afectados por estas mudanças.

As empresas devem investir em programas de requalificação e melhoria de competências para ajudar os funcionários a adaptarem-se a novas funções que a IA não pode substituir facilmente. Isto inclui concentrar-se em competências como a criatividade, o pensamento crítico e a inteligência emocional, que são menos susceptíveis de serem automatizadas. Apoiar os funcionários durante esta transição demonstra um compromisso com práticas éticas e responsabilidade social.

Consentimento informado: O consentimento informado é um aspeto crítico do marketing ético orientado para a IA. Os consumidores devem ter o direito de saber quando e como a IA está a ser utilizada nos esforços de marketing que os afectam. Isto inclui serem informados sobre as práticas de recolha de dados, a utilização dos seus dados para fins de IA e as implicações das decisões baseadas em IA na sua experiência de consumo.

Os profissionais de marketing devem garantir que os formulários de consentimento são claros, concisos e fáceis de compreender. Evitar o jargão jurídico e fornecer explicações directas ajuda os consumidores a fazer escolhas informadas sobre os seus dados. Além disso, a oferta de mecanismos de exclusão fáceis de usar permite que os consumidores controlem o seu envolvimento com o marketing baseado em IA.

CAPÍTULO 3
Planeamento e execução de eventos com recurso a IA

Ashwani Kumar

Escola de Engenharia e Tecnologia

K. R. Mangalam University, Gurugram, Haryana, Índia

Gaurav Kansal

Escola de Engenharia

ABES(IT), Ghaziabad, Uttar Pradesh, Índia

Introdução

A Inteligência Artificial engloba uma série de tecnologias, incluindo a aprendizagem automática, o processamento de linguagem natural e a robótica, que podem executar tarefas que normalmente requerem inteligência humana. No contexto do planeamento de eventos, as ferramentas de IA ajudam a automatizar tarefas repetitivas, a analisar grandes conjuntos de dados, a personalizar as experiências dos participantes e a fornecer informações em tempo real. Estas capacidades permitem que os planeadores de eventos se concentrem mais nos aspectos criativos e estratégicos, assegurando simultaneamente que os detalhes logísticos são tratados de forma eficiente.

Ferramentas de IA para seleção do local e logística: Um dos passos iniciais e críticos no planeamento de eventos é a seleção do local certo. As ferramentas de IA podem analisar uma vasta gama de pontos de dados para sugerir os locais mais adequados com base em critérios como a localização, a capacidade, as comodidades e o custo. Por exemplo, as plataformas alimentadas por IA podem analisar milhares de locais, comparando-os com as necessidades e preferências específicas do evento, reduzindo assim significativamente o tempo e o esforço necessários para a seleção do local.

O planeamento logístico é outra área em que a IA se destaca. Ferramentas como o software de gestão de projectos orientado para a IA podem acompanhar prazos, gerir orçamentos e coordenar tarefas entre os membros da equipa. Estas ferramentas são frequentemente fornecidas com análises preditivas que podem prever potenciais problemas e sugerir acções correctivas. Por exemplo, uma ferramenta de IA pode analisar padrões de tráfego e sugerir rotas ou horários de transporte ideais para evitar atrasos, garantindo uma experiência mais tranquila para os participantes.

Experiências personalizadas dos participantes: A capacidade da IA para personalizar experiências é um dos seus impactos mais transformadores no planeamento de eventos. Ao analisar dados de eventos anteriores e o comportamento dos participantes, as ferramentas de IA podem criar experiências personalizadas para cada participante. Por exemplo, a IA pode recomendar sessões, oportunidades de networking e até opções de refeições com base nos interesses e interacções anteriores de um participante.

Os chatbots, alimentados por IA, desempenham um papel crucial na personalização das interacções com os participantes. Estes assistentes virtuais podem lidar com uma multiplicidade de questões em tempo real, desde a assistência no registo até ao fornecimento de horários de eventos e informações sobre o local. Podem ser programados para interagir com os participantes através de vários canais de comunicação, incluindo websites, redes sociais e aplicações móveis. Ao oferecer respostas personalizadas e suporte 24 horas por dia, 7 dias por semana, os chatbots aumentam a satisfação e o envolvimento dos participantes.

Reforçar o envolvimento com a IA: O envolvimento dos participantes ao longo do ciclo de vida do evento é vital para o seu sucesso. As ferramentas de IA podem ajudar a manter e aumentar o envolvimento através de vários métodos inovadores. Por exemplo, as aplicações móveis baseadas em IA podem fornecer conteúdo personalizado, notificações push e funcionalidades interactivas como sondagens ao vivo e sessões de perguntas e respostas. Estas aplicações podem analisar o comportamento dos participantes em tempo real, adaptando conteúdos e sugestões para manter os participantes envolvidos.

A IA também pode facilitar o trabalho em rede, fazendo corresponder participantes com interesses semelhantes ou antecedentes profissionais complementares. As aplicações de criação de redes baseadas em algoritmos de IA podem sugerir ligações com base em perfis, interacções anteriores e interesses, tornando a criação de redes mais eficiente e significativa.

Análise de dados e percepções: Uma das vantagens significativas da IA no planeamento de eventos é a sua capacidade de processar e analisar grandes quantidades de dados de forma rápida e precisa. As ferramentas de IA podem reunir dados de várias fontes, incluindo redes sociais, sistemas de registo e feedback dos participantes, fornecendo informações abrangentes sobre o desempenho do evento. Estas informações ajudam os planeadores a tomar decisões baseadas em dados, desde estratégias de marketing a ajustes imediatos durante o evento.

A análise preditiva, um subconjunto da IA, pode prever tendências e resultados com base em dados históricos. Por exemplo, a IA pode prever a afluência de participantes, identificar sessões que provavelmente serão populares e sugerir conteúdos que se identifiquem com o público. Ao tirar partido destas previsões, os organizadores de eventos podem otimizar os recursos, melhorar a programação e melhorar a experiência geral do evento.

Resolução de problemas em tempo real: Os eventos são dinâmicos e podem surgir problemas imprevistos a qualquer momento. As ferramentas de IA equipadas com capacidades de monitorização em tempo real podem detetar e resolver problemas à medida que estes ocorrem. Por exemplo, a IA pode analisar as menções e o feedback das redes sociais para identificar potenciais problemas, como a insatisfação com uma determinada sessão ou problemas logísticos. Este feedback imediato permite que os planeadores de eventos respondam rapidamente, mitigando experiências negativas e garantindo a satisfação dos participantes.

Além disso, a IA pode melhorar as medidas de segurança através da monitorização de potenciais ameaças e anomalias. A tecnologia de reconhecimento facial, por exemplo, pode simplificar os check-ins e melhorar a segurança, identificando os participantes e assinalando quaisquer indivíduos não autorizados.

Estudos de casos: A IA em ação

Vários exemplos do mundo real ilustram a eficácia da IA no planeamento de eventos. Por exemplo, as principais conferências tecnológicas, como a CES e a Web Summit, utilizam ferramentas de IA para gerir grandes quantidades de dados, personalizar as experiências dos participantes e garantir operações sem problemas. Estes eventos utilizam a IA para tudo, desde processos de registo automatizados até à gestão de multidões em tempo real, demonstrando o potencial da IA para transformar o planeamento de eventos em grande escala.

Outro exemplo é a utilização da IA em eventos empresariais, em que as empresas empregam plataformas baseadas em IA para personalizar as agendas dos participantes, recomendar oportunidades de networking e fornecer mecanismos de feedback instantâneo. Estas aplicações não só melhoram a experiência dos participantes, como também fornecem informações valiosas para o planeamento de eventos futuros.

O futuro da IA no planeamento de eventos: À medida que a tecnologia de IA continua a avançar, espera-se que as suas aplicações no planeamento de eventos se tornem ainda mais sofisticadas. Os desenvolvimentos futuros podem incluir análises preditivas mais avançadas, experiências de realidade virtual e aumentada melhoradas e uma maior integração com outras tecnologias emergentes, como a cadeia de blocos, para transacções seguras e integridade dos dados.

Simplificar a logística com IA: revolucionar a eficiência na gestão de eventos

As soluções orientadas para a IA estão a revolucionar a forma como as tarefas logísticas são realizadas, oferecendo automação, análise preditiva e conhecimentos em tempo real que permitem aos organizadores de eventos tomar decisões informadas e adaptar-se rapidamente às circunstâncias em mudança. Neste artigo, vamos explorar a forma como a IA está a transformar a logística na gestão de eventos e os benefícios que traz aos organizadores, fornecedores, participantes e ao ambiente.

Compreender a IA na logística: A inteligência artificial engloba uma série de tecnologias, incluindo a aprendizagem automática, o processamento de linguagem natural e a visão por computador, que permitem aos sistemas analisar dados, aprender com eles e fazer previsões ou tomar decisões de forma autónoma. Na logística, a IA é aplicada para otimizar vários processos, como a gestão de inventário, o planeamento de rotas, a atribuição de recursos e a previsão da procura.

Automatização de tarefas de rotina: Um dos principais benefícios da IA na logística é a automatização das tarefas de rotina, o que reduz a carga sobre os planeadores de eventos e o pessoal, minimiza os erros e liberta tempo para o planeamento estratégico e a criatividade. Os sistemas alimentados por IA podem lidar com actividades repetitivas, como a introdução de dados, a programação e o controlo de inventário, com rapidez e precisão, permitindo que os trabalhadores humanos se concentrem em tarefas mais complexas e de elevado valor.

Por exemplo, o software orientado para a IA pode automatizar o processo de gestão de inventário, analisando dados históricos, níveis de stock actuais e previsões de procura para reordenar automaticamente os fornecimentos quando o inventário se esgota. Isto não só evita rupturas de stock e excesso de stock, como também garante que os recursos certos estão disponíveis quando necessário, minimizando o desperdício e optimizando a utilização dos recursos.

Análise preditiva para otimização de recursos: Outra vantagem significativa da IA na logística é a sua capacidade de realizar análises preditivas, permitindo aos planeadores de eventos antecipar a procura, identificar potenciais estrangulamentos e otimizar a atribuição de recursos de forma proactiva. Ao analisar grandes quantidades de dados de eventos passados, previsões meteorológicas, padrões de tráfego e preferências dos participantes, os algoritmos de IA podem gerar informações que ajudam a otimizar os níveis de pessoal, as rotas de transporte e a disposição dos locais.

Por exemplo, as plataformas de gestão de eventos com IA podem analisar dados históricos de participação, informações demográficas e interacções nas redes sociais para prever com precisão a afluência a eventos futuros. Com base nestas previsões, os organizadores podem ajustar os níveis de pessoal, as encomendas de catering e a disposição dos lugares para corresponder à procura esperada, garantindo uma experiência perfeita para os participantes, minimizando os custos e reduzindo o desperdício.

Monitorização e adaptação em tempo real: Para além da análise preditiva, a IA permite a monitorização em tempo real das operações logísticas, permitindo que os organizadores de eventos detectem problemas à medida que estes surgem e tomem medidas correctivas prontamente. Através da integração de sensores, dispositivos IoT e plataformas de análise de dados, os organizadores podem acompanhar o movimento de mercadorias, veículos e pessoal em tempo real, identificar potenciais atrasos ou desvios do plano e implementar estratégias alternativas para mitigar os riscos.

Por exemplo, os sistemas logísticos alimentados por IA podem monitorizar as condições de tráfego, as previsões meteorológicas e os horários de entrega em tempo real para otimizar as rotas de transporte e evitar atrasos. Se ocorrer um congestionamento de tráfego inesperado, o sistema pode redirecionar automaticamente os veículos para caminhos alternativos ou ajustar os tempos de entrega para garantir a chegada a tempo, minimizando as interrupções e mantendo os níveis de serviço.

Melhorar a colaboração e a comunicação: Outro aspeto em que a IA está a transformar a logística na gestão de eventos é a melhoria da colaboração e da comunicação entre as partes interessadas. Ao fornecer uma plataforma centralizada para partilha de informações, atribuição de tarefas e actualizações em tempo real, os sistemas alimentados por IA permitem uma coordenação perfeita entre planeadores de eventos, fornecedores, funcionários e voluntários, melhorando a eficiência, a transparência e a responsabilidade.

Por exemplo, as ferramentas de colaboração baseadas em IA podem simplificar a comunicação, fornecendo mensagens instantâneas, gestão de tarefas e capacidades de partilha de documentos numa única plataforma acessível a todas as partes interessadas. Isto facilita uma melhor coordenação das actividades, reduz o risco de falhas de comunicação ou mal-entendidos e garante que todos estão alinhados com os objectivos e prazos do evento.

Sustentabilidade ambiental: Para além dos ganhos de eficiência, as soluções logísticas baseadas em IA também contribuem para a sustentabilidade ambiental, optimizando a utilização de recursos, reduzindo os resíduos e minimizando as emissões de carbono. Ao otimizar as rotas de transporte, as cargas dos veículos e o consumo de energia, os algoritmos de IA ajudam a minimizar o impacto ambiental das operações logísticas, tornando a gestão de eventos mais ecológica e socialmente responsável.

Por exemplo, os algoritmos de otimização de rotas baseados em IA podem minimizar a distância percorrida e o número de veículos necessários para o transporte, reduzindo o consumo de combustível e as emissões de gases com efeito de estufa. Da mesma forma, a análise preditiva pode ajudar a otimizar os níveis de inventário e minimizar o desperdício de alimentos, prevendo com precisão a procura e ajustando as encomendas em conformidade, reduzindo assim a pegada ambiental dos serviços de catering.

Melhorar a experiência dos participantes através da IA

O sucesso de qualquer evento depende não só do número de participantes, mas também do seu nível de envolvimento, satisfação e experiência global. Nos últimos anos, a inteligência artificial (IA) surgiu como uma ferramenta poderosa para melhorar as experiências dos participantes de várias formas, revolucionando o cenário dos eventos e estabelecendo novos padrões de envolvimento e interação.

Uma das principais formas de a IA melhorar a experiência dos participantes é através de recomendações personalizadas e da entrega de conteúdos. Ao tirar partido dos algoritmos de aprendizagem automática, os organizadores de eventos podem analisar os dados dos participantes, tais como preferências, padrões de comportamento e interacções anteriores, para fornecer recomendações personalizadas para sessões, workshops, oportunidades de networking e outras actividades do evento. Por exemplo, um motor de recomendação alimentado por IA pode sugerir sessões relevantes com base nos interesses de um participante, na indústria, no cargo e no histórico de participações anteriores, garantindo que cada participante recebe uma agenda personalizada que se alinha com as suas metas e objectivos para participar no evento.

Além disso, a IA pode facilitar a navegação e a orientação nos locais dos eventos, melhorando a experiência geral dos participantes. Através da integração de serviços baseados em localização e tecnologia de mapeamento interior, as aplicações móveis com IA podem fornecer direcções em tempo real, mapas interactivos e recomendações personalizadas para comodidades, expositores e pontos de interesse nas proximidades. Os participantes podem navegar facilmente em espaços de eventos complexos, localizar sessões específicas ou stands de expositores e otimizar o seu tempo no evento, conduzindo a uma experiência mais eficiente e agradável.

Além disso, os chatbots e os assistentes virtuais baseados em IA desempenham um papel crucial no aumento do envolvimento e da satisfação dos participantes antes, durante e após o evento. Estas interfaces de conversação inteligentes aproveitam o processamento de linguagem natural (PNL) e os algoritmos de aprendizagem automática para fornecer assistência instantânea, responder a perguntas e oferecer recomendações personalizadas aos participantes através de chat na Web, aplicações móveis ou dispositivos activados por voz. Quer se trate de fornecer informações sobre a logística do evento, de ajudar no registo e na emissão de bilhetes ou de facilitar as ligações de rede, os chatbots com tecnologia de IA melhoram a experiência geral dos participantes, fornecendo apoio atempado e relevante de uma forma conveniente e acessível.

Além disso, a IA permite que os organizadores de eventos recolham feedback em tempo real e análise de sentimentos dos participantes, permitindo-lhes obter informações valiosas sobre a satisfação, as preferências e os pontos fracos dos participantes. Ao analisar publicações nas redes sociais, respostas a inquéritos e outras fontes de feedback utilizando algoritmos de processamento de linguagem natural e de análise de sentimentos, os organizadores de eventos podem identificar tendências, resolver problemas e tomar decisões baseadas em dados para melhorar eventos futuros. Por exemplo, a IA pode detetar padrões no feedback dos participantes para identificar áreas a melhorar, tais como longos tempos de espera nos balcões de registo ou áreas de networking sobrelotadas, e resolver proactivamente estas questões para melhorar a experiência global dos participantes.

Além disso, os mecanismos de personalização e recomendação de conteúdo orientados por IA podem elevar a qualidade e a relevância de sessões educacionais, workshops e outros conteúdos de eventos, atendendo às diversas necessidades e interesses dos participantes. Ao analisar os perfis dos participantes, o feedback das sessões e as métricas de envolvimento, os algoritmos de IA podem ajustar dinamicamente os tópicos, formatos e oradores das sessões para otimizar a satisfação dos participantes e os resultados da aprendizagem. Por exemplo, a IA pode identificar tópicos de tendência, recomendar oradores relevantes e organizar agendas personalizadas para os participantes com base nas suas preferências e objectivos de aprendizagem, garantindo que cada participante recebe uma experiência educativa personalizada e com impacto.

Além disso, as ferramentas de rede alimentadas por IA e os algoritmos de matchmaking facilitam ligações e interacções significativas entre os participantes, promovendo a colaboração, a partilha de conhecimentos e a criação de relações. Ao analisar os perfis, interesses e objectivos de networking dos participantes, os algoritmos de IA podem recomendar ligações relevantes, agendar reuniões individuais e facilitar discussões de grupo com base em interesses e objectivos partilhados. Quer se trate de fazer corresponder os participantes a potenciais parceiros de negócios, mentores ou colegas com ideias semelhantes, as ferramentas de networking baseadas em IA permitem que os participantes expandam as suas redes profissionais e maximizem o valor da sua experiência no evento.

Estudos de caso

Através da integração de tecnologias de IA, os organizadores de eventos podem desbloquear novas oportunidades de personalização, envolvimento e tomada de decisões baseadas em dados.

Chatbots para apoio contínuo aos participantes: Uma aplicação proeminente da IA em eventos é a implementação de chatbots para fornecer suporte e assistência contínua aos participantes. Numa conferência tecnológica de grande escala, os organizadores implementaram um chatbot alimentado por IA, acessível através da aplicação móvel do evento. Os participantes podiam fazer perguntas sobre os horários do evento, as sessões dos oradores e as direcções do local, recebendo respostas instantâneas e precisas do chatbot. Isto não só reduziu a carga sobre o pessoal humano, como também melhorou a experiência geral dos participantes, proporcionando um acesso rápido e conveniente à informação.

Reconhecimento facial para processos de check-in eficientes: A tecnologia de reconhecimento facial revolucionou o processo de check-in em eventos, eliminando longas filas de espera e melhorando as medidas de segurança. Num estudo de caso num festival de música, os organizadores utilizaram um software de reconhecimento facial alimentado por IA para acelerar o processo de check-in para milhares de participantes. À chegada, bastava digitalizar os rostos dos participantes para lhes dar acesso ao recinto do evento em segundos. Este processo de check-in simplificado não só melhorou a satisfação dos participantes, como também permitiu aos organizadores recolher dados valiosos sobre os dados demográficos e as preferências dos participantes.

Análise preditiva para recomendações personalizadas: A análise preditiva alimentada por IA está a ser cada vez mais utilizada para fornecer recomendações e conteúdos personalizados em eventos. Numa exposição de marketing, os organizadores utilizaram algoritmos de IA para analisar os dados dos participantes e prever as suas preferências e interesses. Com base nesses insights, recomendações personalizadas para sessões de palestrantes, estandes de expositores e eventos de networking foram fornecidas a cada participante por meio do aplicativo do evento. Esta abordagem personalizada não só aumentou o envolvimento dos participantes, como também facilitou ligações e interacções significativas.

Conteúdos gerados por IA para um maior envolvimento: Os conteúdos gerados por IA estão a remodelar a forma como os eventos envolvem os participantes, oferecendo experiências dinâmicas e interactivas. Num desfile de moda, os organizadores colaboraram com programadores de IA para criar modelos de moda virtuais alimentados por algoritmos de IA. Estes modelos virtuais apresentaram os mais recentes modelos de vestuário, interagiram com os participantes e até deram dicas de estilo com base nas preferências individuais. Ao incorporar conteúdos gerados por IA, o desfile de moda cativou os participantes, gerou buzz nas redes sociais e elevou a imagem da marca como inovadora e com visão de futuro.

Análise de sentimentos para monitorização do feedback em tempo real: A análise de sentimentos, um ramo da IA, está a ser utilizada para monitorizar e analisar o feedback dos participantes em tempo real, permitindo que os organizadores abordem as preocupações e façam ajustes em tempo real. Numa conferência de negócios, os organizadores implementaram ferramentas de análise de sentimentos baseadas em IA para monitorizar as conversas nas redes sociais e os inquéritos aos participantes durante o evento. Ao avaliar o sentimento dos participantes em relação às sessões dos oradores, às oportunidades de networking e à logística do evento, os organizadores obtiveram informações valiosas sobre áreas de melhoria e sucesso, permitindo-lhes adaptar e otimizar o evento em tempo real.

CAPÍTULO 4
Personalização no marketing de eventos com IA

Sudesh Singh

Departamento de Informática

NIET, Greater Noida, Uttar Pradesh, Índia

Ashwani Kumar

Escola de Engenharia e Tecnologia

K. R. Mangalam University, Gurugram, Haryana, Índia

Introdução

Compreender e segmentar o seu público é um aspeto fundamental das campanhas de marketing bem sucedidas. No atual cenário competitivo, em que os consumidores são bombardeados com informações de vários canais, conhecer intimamente o seu público pode fazer a diferença entre uma campanha que ressoa e uma que não funciona. Com o advento de tecnologias sofisticadas de análise de dados e de inteligência artificial (IA), os profissionais de marketing têm oportunidades sem precedentes para aprofundar as informações sobre o público e criar campanhas altamente direccionadas.

Para começar, vamos explorar a razão pela qual é crucial compreender e segmentar o seu público. Cada indivíduo é único, com diferentes preferências, comportamentos e necessidades. Ao segmentar o seu público, pode adaptar os seus esforços de marketing a grupos específicos com base em características, interesses ou dados demográficos partilhados. Isto permite-lhe enviar mensagens que se repercutem em cada segmento, aumentando a probabilidade de envolvimento e conversão.

Um dos primeiros passos para compreender o seu público é o estudo de mercado. Isto envolve a recolha de dados sobre dados demográficos, psicográficos, comportamentos e preferências através de várias fontes, como inquéritos, entrevistas, grupos de discussão e análise de redes sociais. Ao analisar estes dados, os profissionais de marketing podem identificar padrões e tendências que fornecem informações valiosas sobre o seu público-alvo.

Segmentar o seu público implica dividi-lo em grupos distintos com base em características comuns. Existem várias formas de segmentar um público, incluindo a segmentação demográfica (idade, sexo, rendimento, etc.), a segmentação psicográfica (estilo de vida, valores, atitudes, etc.), a segmentação comportamental (comportamento de compra, fidelidade à marca, etc.) e a segmentação geográfica (localização, clima, etc.). A chave é identificar segmentos que sejam significativos e accionáveis para os seus esforços de marketing.

Depois de segmentar o seu público, o passo seguinte é desenvolver personas detalhadas para cada segmento. As personas são representações fictícias dos seus clientes ideais, com base em dados e informações reais. Elas humanizam os segmentos do seu público, ajudando-o a compreender as suas necessidades, motivações, pontos fracos e objectivos. Isto permite-lhe adaptar as suas mensagens, conteúdos e ofertas de forma a que se identifiquem com cada persona, criando experiências mais personalizadas e relevantes.

Agora, vamos explorar os métodos e ferramentas disponíveis para compreender e segmentar o seu público. Os métodos tradicionais, como os inquéritos e os grupos de discussão, continuam a ser valiosos para recolher informações qualitativas diretamente dos consumidores. No entanto, na era digital atual, os profissionais de marketing têm acesso a uma grande quantidade de dados provenientes de fontes online, como a análise de sítios Web, plataformas de redes sociais e sistemas de gestão das relações com os clientes (CRM).

As ferramentas de análise avançada, como o Google Analytics, o Adobe Analytics e o HubSpot, fornecem aos profissionais de marketing capacidades poderosas para acompanhar e analisar o comportamento dos utilizadores nos canais digitais. Estas ferramentas podem ajudar a identificar padrões e tendências no envolvimento do público, permitindo aos profissionais de marketing otimizar as suas campanhas para obter o máximo impacto.

Para além dos métodos tradicionais e digitais, as tecnologias orientadas para a IA estão a revolucionar a compreensão e a segmentação do público. Os algoritmos de IA podem analisar grandes quantidades de dados em grande escala, descobrindo informações e padrões ocultos que os analistas humanos podem ignorar. Os algoritmos de aprendizagem automática também podem prever o comportamento futuro com base em acções passadas, permitindo aos profissionais de marketing antecipar as necessidades e preferências do seu público.

Por exemplo, os modelos de análise preditiva podem prever quais os clientes com maior probabilidade de abandono, permitindo aos profissionais de marketing interagir proactivamente com eles antes que seja demasiado tarde. Os algoritmos de processamento de linguagem natural (PNL) podem analisar as conversas nas redes sociais para compreender o sentimento e identificar tendências emergentes em tempo real. Isto permite que os profissionais de marketing se mantenham à frente da curva e adaptem as suas estratégias em conformidade.

Além disso, as ferramentas de segmentação alimentadas por IA podem identificar e agrupar automaticamente os clientes com base nas suas semelhanças, facilitando aos profissionais de marketing a personalização das suas campanhas em escala. Essas ferramentas podem analisar vários pontos de dados, como histórico de navegação, comportamento de compra e informações demográficas, para criar segmentos de público dinâmicos em tempo real.

Técnicas de personalização baseadas em IA: Melhorar o envolvimento e a satisfação do cliente

No marketing, a personalização surgiu como uma estratégia fundamental para as empresas que pretendem aprofundar as relações com os clientes, melhorar o envolvimento e impulsionar as conversões. Com o advento da inteligência artificial (IA), o panorama da personalização sofreu uma profunda transformação.

As técnicas de personalização baseadas em IA utilizam algoritmos avançados e modelos de aprendizagem automática para analisar grandes quantidades de dados e proporcionar experiências altamente personalizadas a clientes individuais em escala. Nesta discussão, aprofundamos as várias técnicas de personalização baseadas em IA que estão a remodelar o panorama do marketing.

Compreender os dados do cliente: No centro da personalização orientada para a IA está a capacidade de compreender e aproveitar eficazmente os dados dos clientes. Os algoritmos de IA analisam diversos conjuntos de dados, incluindo informações demográficas, comportamento de navegação, histórico de compras, atividade nas redes sociais e muito mais, para criar perfis de clientes abrangentes. Ao analisar estes dados, as empresas obtêm informações sobre as preferências, os interesses e os comportamentos dos clientes, o que lhes permite adaptar as mensagens e as ofertas de marketing em conformidade.

Análise preditiva: A análise preditiva é uma técnica poderosa orientada para a IA que antecipa o comportamento futuro do cliente com base em padrões de dados históricos. Ao tirar partido dos algoritmos de aprendizagem automática, as empresas podem prever as acções dos clientes, tais como a intenção de compra, as preferências de produtos e a probabilidade de abandono. Esta previsão permite que os profissionais de marketing personalizem proactivamente as suas interacções com os clientes, fornecendo conteúdos, recomendações e ofertas oportunas e relevantes.

Personalização dinâmica de conteúdo: A personalização de conteúdos dinâmicos envolve a adaptação dinâmica do conteúdo do website, das comunicações por e-mail, dos anúncios e de outros materiais de marketing com base nos atributos e no comportamento de cada utilizador. Os algoritmos de IA analisam dados em tempo real para personalizar elementos de conteúdo, como recomendações de produtos, imagens, preços e mensagens, de modo a corresponder às preferências e interesses de cada utilizador. Este nível de personalização melhora o envolvimento do utilizador e aumenta a probabilidade de conversão.

Segmentação comportamental: A segmentação comportamental aproveita os algoritmos de IA para segmentar os utilizadores com base no seu comportamento e preferências online. Ao acompanhar as interacções dos utilizadores nos canais digitais, incluindo visitas a sítios Web, cliques, pesquisas e envolvimento nas redes sociais, os sistemas de IA podem categorizar os utilizadores em segmentos de público distintos. Os profissionais de marketing podem então adaptar as campanhas de marketing e as estratégias de comunicação para responder às necessidades e interesses específicos de cada segmento, resultando numa maior relevância e envolvimento.

Motores de recomendação: Os motores de recomendação são sistemas alimentados por IA que analisam os dados dos clientes para fornecer recomendações personalizadas de produtos ou conteúdos. Estes motores empregam filtragem colaborativa, filtragem baseada em conteúdos e abordagens híbridas para sugerir produtos, serviços ou conteúdos que se alinham com as preferências individuais e interacções anteriores. Ao melhorar a capacidade de descoberta de ofertas relevantes, os motores de recomendação impulsionam o envolvimento do cliente, a satisfação e, por fim, as vendas.

Personalização contextual: A personalização contextual envolve a oferta de experiências personalizadas aos clientes com base no seu contexto atual, como a localização, o dispositivo, a hora do dia e as condições meteorológicas. Os algoritmos de IA analisam dados contextuais em tempo real para personalizar mensagens de marketing, ofertas e promoções, garantindo relevância e atualidade. Por exemplo, uma aplicação de retalho pode enviar notificações push com descontos personalizados quando um cliente está perto da localização de uma loja física, o que leva a uma visita e a uma compra.

Análise de sentimentos: A análise de sentimentos é uma técnica orientada para a IA que mede o sentimento e o tom emocional das interacções com os clientes, tais como publicações nas redes sociais, análises de produtos e pedidos de informação do serviço de apoio ao cliente. Ao utilizar algoritmos de processamento de linguagem natural (PNL), as empresas podem classificar automaticamente os sentimentos dos clientes como positivos, negativos ou neutros, permitindo-lhes responder de forma eficaz e empática. A análise de sentimentos também fornece informações valiosas sobre as percepções dos clientes e o sentimento da marca, orientando as estratégias de marketing e as mensagens.

Testes A/B e otimização: O teste A/B, também conhecido como teste dividido, é uma técnica utilizada para comparar duas ou mais versões de um ativo de marketing para determinar qual delas tem melhor desempenho em termos de envolvimento ou conversão. As plataformas de testes A/B baseadas em IA utilizam algoritmos para analisar os resultados dos testes e identificar variações estatisticamente significativas. Ao otimizar continuamente as campanhas de marketing com base em informações baseadas em IA, as empresas podem aperfeiçoar as estratégias de personalização e melhorar o desempenho ao longo do tempo.

Personalização de experiências de eventos

Desde conferências empresariais a festivais de música, os organizadores de eventos actuais estão a utilizar tecnologias avançadas e informações baseadas em dados para adaptar todos os aspectos dos seus eventos às preferências e interesses dos seus públicos. A personalização das experiências dos eventos vai além da mera personalização dos convites para os eventos ou dos processos de registo. Engloba uma abordagem holística para conceber todos os pontos de contacto do percurso do evento, desde as promoções pré-evento até ao acompanhamento pós-evento. Ao compreender as necessidades e preferências únicas dos participantes, os organizadores de eventos podem criar experiências envolventes e memoráveis que deixam uma impressão duradoura.

Um dos elementos fundamentais da personalização das experiências de eventos é a segmentação do público. Os organizadores de eventos utilizam a análise de dados e os estudos de mercado para dividir o seu público-alvo em segmentos distintos com base em dados demográficos, interesses, comportamento e preferências. Esta segmentação permite que os organizadores criem mensagens de marketing personalizadas, seleccionem conteúdos relevantes e concebam experiências direccionadas que ressoem com cada segmento de público.

A personalização é outro aspeto essencial da personalização das experiências de eventos. Ao aproveitar os dados e as informações dos participantes, os organizadores de eventos podem criar agendas de eventos personalizadas, recomendar sessões ou actividades relevantes e fornecer recomendações personalizadas para oportunidades de networking. Por exemplo, uma conferência de tecnologia pode oferecer agendas personalizadas com base nas funções dos participantes, nos interesses do sector ou nas preferências de sessão, garantindo que cada participante tira o máximo partido da sua experiência no evento.

A utilização da tecnologia desempenha um papel crucial para permitir a personalização nos eventos. A inteligência artificial (IA) e os algoritmos de aprendizagem automática podem analisar grandes quantidades de dados para identificar padrões, preferências e tendências entre os participantes do evento. Estas informações permitem que os organizadores de eventos tomem decisões baseadas em dados em tempo real, ajustando os elementos do evento, como os tópicos das sessões, os alinhamentos dos oradores ou as actividades de networking, para melhor se alinharem com os interesses e preferências dos participantes.

Uma aplicação inovadora da IA na personalização de eventos é a utilização de chatbots e assistentes virtuais. Estes bots inteligentes podem interagir com os participantes antes, durante e depois do evento, fornecendo recomendações personalizadas, respondendo a perguntas e facilitando interacções. Os chatbots podem ajudar os participantes com o registo no evento, fornecer direcções ou informações sobre a logística do evento e até oferecer sugestões personalizadas para a participação em sessões com base nas preferências individuais.

Para além das interacções digitais, os elementos físicos do evento também podem ser personalizados para melhorar as experiências dos participantes. Por exemplo, os locais de eventos podem utilizar a tecnologia de beacon para fornecer notificações baseadas na localização ou saudações personalizadas à medida que os participantes se deslocam pelas diferentes áreas do local. As instalações interactivas, como ecrãs tácteis ou experiências de realidade aumentada, podem envolver ainda mais os participantes, permitindo-lhes personalizar as suas interacções com o conteúdo do evento.

Além disso, a personalização estende-se às comunicações e acompanhamentos pós-evento. Os organizadores de eventos podem utilizar ferramentas de automatização de marketing por correio eletrónico para enviar mensagens de agradecimento personalizadas, resumos de eventos ou inquéritos com base nas interacções e comentários dos participantes durante o evento. Ao reconhecer as contribuições dos participantes e solicitar a sua opinião, os organizadores podem promover um sentido de envolvimento e comunidade que se estende para além do próprio evento.

As vantagens de personalizar as experiências dos eventos são múltiplas. Em primeiro lugar, as experiências personalizadas aumentam a satisfação e o envolvimento dos participantes, conduzindo a taxas mais elevadas de retenção e lealdade. É mais provável que os participantes regressem a eventos futuros e os recomendem a outras pessoas se sentirem que as suas necessidades e preferências individuais estão a ser satisfeitas. Em segundo lugar, a personalização permite que os organizadores de eventos recolham dados e conhecimentos valiosos sobre o seu público, que podem servir de base para o planeamento de futuros eventos e estratégias de marketing. Ao analisar as interacções e o feedback dos participantes, os organizadores podem identificar áreas a melhorar e aperfeiçoar a sua abordagem para melhor satisfazer as necessidades do seu público-alvo.

Além disso, a personalização permite que os organizadores de eventos diferenciem os seus eventos num mercado concorrido. No atual cenário competitivo, em que os participantes têm uma miríade de opções para gastar o seu tempo e recursos, oferecer experiências personalizadas pode ser um poderoso diferenciador. Ao adaptarem os seus eventos aos interesses e preferências específicos do seu público-alvo, os organizadores podem atrair e reter os participantes de forma mais eficaz, conduzindo, em última análise, a um maior ROI para os seus eventos.

Medir o impacto da personalização no marketing

A personalização surgiu como uma estratégia fundamental para as empresas que pretendem aumentar o envolvimento dos clientes, impulsionar as conversões e promover a fidelidade à marca. Ao adaptar os esforços de marketing às preferências, comportamentos e dados demográficos individuais, as empresas podem criar ligações mais significativas com o seu público. No entanto, a eficácia das estratégias de personalização deve ser avaliada para justificar os investimentos e aperfeiçoar continuamente as abordagens.

A importância de medir o impacto da personalização

Compreender o impacto da personalização é essencial por várias razões. Em primeiro lugar, permite aos profissionais de marketing avaliar com exatidão a eficácia dos seus esforços. Ao quantificar os resultados das campanhas personalizadas, as empresas podem identificar quais as estratégias que mais se adequam ao seu público-alvo e afetar os recursos em conformidade. Além disso, a medição do impacto da personalização facilita a melhoria e a otimização contínuas. Ao analisar os dados e as métricas de desempenho, os profissionais de marketing podem identificar áreas de aperfeiçoamento e implementar melhorias iterativas para maximizar os resultados.

Além disso, a medição do impacto da personalização fornece informações valiosas sobre as preferências, os comportamentos e as necessidades dos clientes. Ao analisar a forma como os diferentes segmentos do público respondem a experiências personalizadas, as empresas podem aperfeiçoar a sua compreensão do mercado-alvo e adaptar as futuras campanhas de forma mais eficaz. Em última análise, ao medir o impacto da personalização, as empresas podem otimizar as estratégias de marketing para proporcionar melhores experiências aos clientes e impulsionar o crescimento do negócio.

Principais métricas para medir o impacto da personalização

Podem ser utilizadas várias métricas para avaliar o impacto da personalização nas campanhas de marketing:

Taxa de conversão: A taxa de conversão mede a percentagem de visitantes do Web site ou de destinatários da campanha que concluem uma ação desejada, como efetuar uma compra, inscrever-se numa newsletter ou preencher um formulário. Ao comparar as taxas de conversão entre campanhas personalizadas e não personalizadas, os profissionais de marketing podem avaliar a eficácia da personalização na obtenção dos resultados desejados.

Métricas de envolvimento: As métricas de envolvimento, incluindo a taxa de cliques (CTR), o tempo passado no site e as interacções nas redes sociais, fornecem informações sobre a eficácia com que o conteúdo personalizado é recebido pelo público. Níveis de envolvimento mais elevados indicam que as experiências personalizadas estão a captar a atenção do público e a promover a interação, o que pode levar a uma maior afinidade com a marca e a conversões.

Valor do tempo de vida do cliente (CLV): O CLV mede a receita total gerada por um cliente durante todo o seu relacionamento com uma empresa. Ao segmentar os clientes com base em experiências personalizadas e analisar o seu CLV, os profissionais de marketing podem avaliar o impacto a longo prazo da personalização na fidelização, retenção e rentabilidade dos clientes.

Pontuação de eficácia da personalização: A pontuação de eficácia da personalização é uma métrica composta que avalia o impacto geral da personalização em várias dimensões, incluindo relevância, satisfação e conversão. Ao inquirir os clientes e solicitar feedback sobre experiências personalizadas, as empresas podem calcular uma pontuação de eficácia personalizada para avaliar o sucesso dos seus esforços de personalização.

Metodologias para medir o impacto da personalização

Podem ser utilizadas várias metodologias para medir o impacto da personalização nas campanhas de marketing:

Teste A/B: O teste A/B envolve a comparação do desempenho de duas ou mais variações de uma campanha de marketing, com um grupo a receber conteúdo personalizado e o outro a receber conteúdo não personalizado. Ao analisar as principais métricas, como a taxa de conversão, o envolvimento e as receitas, os profissionais de marketing podem determinar qual a variação com melhor desempenho e atribuir o impacto à personalização.

Experiências controladas: As experiências controladas envolvem a divisão do público-alvo em grupos experimentais e de controlo e a sua exposição a diferentes níveis de personalização. Ao comparar os resultados entre os dois grupos, os profissionais de marketing podem isolar o impacto da personalização e avaliar a sua eficácia na obtenção dos resultados desejados.

Análise de dados: A análise de dados envolve a extração de dados dos clientes, incluindo o comportamento de navegação, o histórico de compras e as informações demográficas, para identificar padrões, tendências e correlações relacionadas com a personalização. Ao tirar partido de técnicas de análise avançadas, como a aprendizagem automática e a modelação preditiva, os profissionais de marketing podem descobrir informações accionáveis sobre o impacto da personalização no comportamento do cliente e no desempenho da campanha.

Inquéritos e feedback: Os inquéritos e os mecanismos de feedback permitem às empresas recolher informações qualitativas sobre as percepções, preferências e satisfação dos clientes com as experiências personalizadas. Ao solicitar o feedback dos clientes através de inquéritos, entrevistas e grupos de discussão, os profissionais de marketing podem obter uma compreensão mais profunda do impacto emocional e psicológico da personalização no percurso do cliente.

Melhores práticas para medir o impacto da personalização

Para medir efetivamente o impacto da personalização nas campanhas de marketing, as empresas devem seguir as seguintes práticas recomendadas:

Definir objectivos claros: Defina metas e objectivos específicos para as iniciativas de personalização, como o aumento das taxas de conversão, a melhoria do envolvimento do cliente ou o aumento da fidelidade à marca. O estabelecimento de referências claras permite aos profissionais de marketing acompanhar o progresso e medir o sucesso com precisão.

Utilizar várias métricas: Utilize uma combinação de métricas quantitativas e qualitativas para avaliar o impacto da personalização de forma abrangente. Ao analisar um conjunto diversificado de métricas, os profissionais de marketing podem obter uma compreensão holística da eficácia das experiências personalizadas em diferentes dimensões.

Segmentação e direcionamento: Segmentar o público com base em critérios relevantes, como dados demográficos, psicográficos e atributos comportamentais, para personalizar eficazmente o conteúdo de marketing. Ao visar segmentos de público específicos com mensagens e ofertas personalizadas, os profissionais de marketing podem maximizar a relevância e a ressonância das suas campanhas.

Otimização iterativa: Monitorizar e analisar continuamente o desempenho das campanhas personalizadas e iterar nas estratégias com base em informações e feedback. Ao adotar uma cultura de melhoria contínua, os profissionais de marketing podem aperfeiçoar os esforços de personalização ao longo do tempo e obter resultados cada vez mais impactantes.

CAPÍTULO 5
Promoção de eventos com estratégias baseadas em IA

Dhiraj Singh Rawat

Departamento de Informática

NIET, Greater Noida, Uttar Pradesh, Índia

Ashwani Kumar

Escola de Engenharia e Tecnologia

K. R. Mangalam University, Gurugram, Haryana, Índia

Introdução

A publicidade digital surgiu como uma ferramenta fundamental para impulsionar a participação, o envolvimento e, em última análise, o sucesso dos eventos. Com o rápido avanço da tecnologia, em particular da inteligência artificial (IA), as estratégias de publicidade digital sofreram uma transformação, revolucionando a forma como os eventos são promovidos e comercializados para audiências em todo o mundo.

A publicidade digital baseada em IA redefiniu a abordagem tradicional aos eventos de marketing, oferecendo níveis inigualáveis de segmentação, personalização e otimização. No centro da publicidade orientada para a IA está a sua capacidade de analisar grandes quantidades de dados em tempo real, permitindo aos profissionais de marketing compreender o comportamento, as preferências e a intenção do público com uma precisão sem precedentes. Através de algoritmos sofisticados e técnicas de aprendizagem automática, a IA permite que os anunciantes forneçam conteúdo altamente relevante e personalizado ao seu público-alvo, maximizando o envolvimento e as taxas de conversão.

Uma das principais vantagens da IA na publicidade digital para eventos é a sua capacidade de melhorar a segmentação do público. A segmentação tradicional baseada em dados demográficos foi substituída por métodos mais sofisticados que utilizam algoritmos de IA para analisar dados de utilizadores e identificar indivíduos com maior probabilidade de estarem interessados em participar em eventos específicos. Ao analisar o comportamento anterior, as interacções em linha e os sinais contextuais, os algoritmos de IA podem prever com precisão as preferências e os interesses dos potenciais participantes, permitindo que os anunciantes adaptem as suas mensagens em conformidade.

Além disso, a IA facilita a otimização dinâmica dos anúncios criativos, permitindo aos anunciantes testar e aperfeiçoar as suas mensagens em tempo real com base na resposta do público. Através de testes A/B, testes multivariados e análises preditivas, os algoritmos de IA podem identificar os anúncios criativos, os títulos e os apelos à ação mais eficazes, maximizando assim o impacto das campanhas de publicidade digital. Esta abordagem iterativa à otimização garante que os anunciantes melhoram continuamente o desempenho dos seus anúncios, conduzindo a taxas de cliques (CTR) e taxas de conversão mais elevadas ao longo do tempo.

Outra aplicação significativa da IA na publicidade digital para eventos é a análise preditiva, que permite aos anunciantes antecipar tendências e padrões de comportamento futuros. Ao analisar dados históricos e identificar correlações entre diferentes variáveis, os algoritmos de IA podem prever o desempenho das campanhas publicitárias, ajudando os profissionais de marketing a afetar os seus orçamentos de forma mais eficaz e a otimizar as suas estratégias para obter o máximo impacto. A análise preditiva também permite aos anunciantes identificar antecipadamente potenciais bloqueios ou desafios, permitindo-lhes tomar medidas proactivas para mitigar os riscos e capitalizar as oportunidades emergentes.

Além disso, as plataformas de publicidade digital baseadas em IA oferecem capacidades avançadas de segmentação de audiências, permitindo aos anunciantes criar campanhas altamente direccionadas e adaptadas a segmentos de audiências específicos. Ao segmentar as audiências com base em dados demográficos, interesses, comportamentos e sinais de intenção, os anunciantes podem apresentar mensagens personalizadas que ressoam com cada segmento, aumentando a relevância e a eficácia dos seus anúncios. Esta abordagem granular à segmentação garante que os anunciantes atingem o público certo com a mensagem certa no momento certo, conduzindo a taxas de envolvimento e conversão mais elevadas.

Para além da segmentação e da otimização, a IA desempenha um papel crucial na colocação de anúncios e na compra de meios, ajudando os anunciantes a maximizar a eficiência dos seus gastos com publicidade. Os algoritmos de IA analisam vários factores, como o inventário de anúncios, os preços e o alcance do público, para identificar as oportunidades de publicidade mais rentáveis em diferentes canais e plataformas. Através da publicidade programática, a IA automatiza o processo de compra de meios, permitindo aos anunciantes comprar espaço publicitário em tempo real com base em parâmetros e objectivos predefinidos. Esta abordagem automatizada permite que os anunciantes optimizem a colocação dos seus anúncios para obter o máximo ROI, minimizando as impressões desperdiçadas e maximizando o desempenho da campanha.

Além disso, as plataformas de publicidade digital com IA oferecem capacidades avançadas de rastreio e medição do desempenho, permitindo aos anunciantes monitorizar a eficácia das suas campanhas em tempo real. Ao fornecer informações detalhadas sobre as principais métricas, como impressões, cliques, conversões e retorno do investimento em publicidade (ROAS), a IA permite que os anunciantes avaliem o desempenho dos seus anúncios e tomem decisões baseadas em dados para otimizar as suas estratégias. Os modelos de atribuição avançados, alimentados por IA, ajudam os anunciantes a atribuir com precisão as conversões a interacções de anúncios específicas, proporcionando uma visão holística do percurso do cliente e permitindo aos profissionais de marketing otimizar as suas campanhas em conformidade.

Automatização do marketing nas redes sociais

Gerir várias plataformas de redes sociais e manter uma presença consistente pode consumir muito tempo e recursos. É aqui que a automatização do marketing nas redes sociais entra em ação, oferecendo às empresas a capacidade de otimizar os seus esforços nas redes sociais, aumentar a eficiência e obter melhores resultados. Neste artigo, vamos explorar o conceito de automatização do marketing nas redes sociais, os seus benefícios, as melhores práticas e a forma como as empresas podem tirar partido das ferramentas de automatização para otimizar a sua estratégia nas redes sociais.

Compreender a automatização do marketing nas redes sociais

A automatização do marketing nas redes sociais envolve a utilização de ferramentas e tecnologias de software para automatizar várias tarefas e processos relacionados com a gestão e otimização de campanhas nas redes sociais. Estas tarefas podem incluir o agendamento de publicações, a seleção de conteúdos, a monitorização de canais de redes sociais, o envolvimento com seguidores, a análise de métricas de desempenho e muito mais. Ao automatizar tarefas repetitivas e morosas, as empresas podem poupar tempo e recursos valiosos, assegurando simultaneamente uma presença consistente e eficaz nas redes sociais.

Vantagens da automatização do marketing nas redes sociais

Eficiência de tempo: Uma das principais vantagens da automatização do marketing nas redes sociais é a sua capacidade de poupar tempo às empresas. Ao automatizar tarefas como a programação e publicação de conteúdos, as empresas podem atribuir o seu tempo e recursos de forma mais eficiente, permitindo-lhes concentrar-se noutros aspectos importantes das suas operações.

Consistência: Manter uma presença consistente nas redes sociais é crucial para criar consciência da marca e interagir com o seu público. A automatização do marketing das redes sociais permite que as empresas programem as publicações com antecedência, garantindo um fluxo constante de conteúdos nos seus canais de redes sociais, mesmo fora do horário de expediente ou durante os feriados.

Envolvimento melhorado: As ferramentas de automatização podem ajudar as empresas a otimizar os seus esforços de envolvimento nas redes sociais, respondendo automaticamente a comentários, mensagens e menções em tempo real. Isto permite que as empresas se envolvam com o seu público de forma mais eficaz e rápida, levando a uma maior fidelidade à marca e à satisfação do cliente.

Informações baseadas em dados: Muitas ferramentas de automatização das redes sociais oferecem análises avançadas e funcionalidades de relatórios, permitindo às empresas acompanhar as principais métricas de desempenho, como o alcance, o envolvimento e as taxas de conversão. Ao analisar estas informações baseadas em dados, as empresas podem obter uma melhor compreensão das preferências e do comportamento do seu público, o que lhes permite otimizar a sua estratégia de redes sociais para obter melhores resultados.

Melhores práticas para a automatização do marketing nas redes sociais

Embora a automatização do marketing nas redes sociais ofereça inúmeras vantagens, é essencial que as empresas abordem a automatização de forma estratégica e responsável. Eis algumas práticas recomendadas a ter em conta:

Definir objectivos claros: Antes de implementar a automatização das redes sociais, defina as suas metas e objectivos. Quer se trate de aumentar a notoriedade da marca, conduzir o tráfego do sítio Web ou gerar oportunidades, ter objectivos claros ajudará a orientar a sua estratégia de automatização e a medir a sua eficácia.

Personalizar o conteúdo: Embora a automatização possa ajudar a simplificar os seus esforços nas redes sociais, é importante manter um toque humano e personalizar o seu conteúdo para o seu público. Adapte as suas mensagens, o seu tom e o seu conteúdo de modo a que se identifiquem com o seu público-alvo e promovam ligações genuínas.

Monitorizar e envolver: A automatização deve complementar, e não substituir, a interação humana. Certifique-se de que monitoriza regularmente os seus canais de redes sociais para detetar quaisquer comentários, mensagens ou menções e interagir com o seu público em tempo real. O envolvimento autêntico é fundamental para criar relações e promover a fidelidade à marca.

Rever regularmente o desempenho: Monitorize e analise continuamente o desempenho das suas campanhas automatizadas nas redes sociais. Identifique o que está a funcionar bem e o que precisa de ser melhorado, e ajuste a sua estratégia em conformidade. As revisões regulares do desempenho ajudam-no a otimizar os seus esforços de automatização para obter melhores resultados.

Tirar partido das ferramentas de automatização para o marketing nas redes sociais

Existe uma vasta gama de ferramentas de automatização das redes sociais disponíveis no mercado, cada uma oferecendo características e funcionalidades únicas para otimizar os seus esforços nas redes sociais. Algumas ferramentas de automatização populares incluem:

Hootsuite: O Hootsuite é uma plataforma abrangente de gestão de redes sociais que permite às empresas agendar publicações, monitorizar conversas e analisar o desempenho em vários canais de redes sociais.

Buffer: O Buffer é outra ferramenta popular de automatização das redes sociais que permite às empresas agendar publicações, acompanhar as métricas de envolvimento e colaborar com os membros da equipa em tempo real.

Sprout Social: O Sprout Social oferece um conjunto de ferramentas de gestão das redes sociais, incluindo agendamento, monitorização e análise, para ajudar as empresas a otimizar os seus esforços nas redes sociais e a obter melhores resultados.

HubSpot: As ferramentas de automatização das redes sociais da HubSpot integram-se perfeitamente na sua plataforma de automatização de marketing, permitindo às empresas programar publicações, monitorizar o envolvimento e analisar as métricas de desempenho num painel centralizado.

IA no marketing de influenciadores e de afiliados

O marketing de influenciadores e de afiliados emergiu como estratégias potentes para as marcas alcançarem e envolverem os seus públicos-alvo. Aproveitando o alcance e a credibilidade dos influenciadores, bem como o efeito de rede das parcerias de afiliados, as marcas podem amplificar a sua mensagem e impulsionar as conversões. Com o advento da inteligência artificial (IA), estas abordagens de marketing foram ainda mais melhoradas, oferecendo informações, otimização e escalabilidade sem paralelo.

Compreender o marketing de influência

O marketing de influência envolve a colaboração com indivíduos que têm um número significativo de seguidores e influência num determinado nicho ou sector. Estes influenciadores, através do seu conteúdo autêntico e envolvimento com o seu público, podem influenciar o comportamento do consumidor e moldar as percepções sobre marcas e produtos.

A ascensão do marketing de afiliados: O marketing de afiliados, por outro lado, é uma estratégia de marketing baseada no desempenho, em que os afiliados promovem os produtos ou serviços de uma empresa e ganham uma comissão por cada venda ou contacto gerado através dos seus esforços. Baseia-se em parcerias mutuamente benéficas e incentiva os afiliados a obterem resultados.

A integração da IA no marketing de influenciadores e afiliados

A integração da IA no marketing de influenciadores e afiliados revolucionou essas estratégias, oferecendo recursos avançados de segmentação, rastreamento e otimização. Eis como a IA está a remodelar cada uma destas abordagens de marketing:

Descoberta e avaliação de influenciadores com base em IA

Um dos desafios mais significativos no marketing de influenciadores é encontrar os influenciadores certos que se alinhem com os valores da marca, o público-alvo e os objectivos da campanha. As plataformas alimentadas por IA utilizam algoritmos para analisar grandes quantidades de dados e identificar potenciais influenciadores com base em factores como a demografia do público, as taxas de envolvimento, a autenticidade do conteúdo e a relevância para a marca.

Estas plataformas podem avaliar o alcance, a ressonância e a relevância de um influenciador, fornecendo às marcas informações valiosas para tomarem decisões informadas relativamente às oportunidades de parceria. Ao tirar partido da análise baseada em IA, as marcas podem garantir que as suas colaborações com influenciadores são estratégicas, eficazes e produzem o máximo ROI.

Análise preditiva de desempenho

A IA permite a análise preditiva no marketing de influenciadores, permitindo às marcas prever os potenciais resultados das suas campanhas com maior precisão. Ao analisar dados históricos, padrões de comportamento do público e métricas de desempenho da campanha, os algoritmos de IA podem prever o impacto provável de diferentes influenciadores, formatos de conteúdo e estratégias de mensagens.

Esta capacidade de previsão permite que as marcas optimizem os seus esforços de marketing de influenciadores de forma proactiva, identificando influenciadores de elevado desempenho e estratégias de conteúdo, ao mesmo tempo que minimizam os riscos e as incertezas. Ao tirar partido das informações baseadas em IA, as marcas podem afetar os seus recursos de forma mais eficaz e maximizar o sucesso das suas campanhas.

Otimização e personalização de conteúdos

As ferramentas orientadas para a IA facilitam a otimização e a personalização do conteúdo no marketing de influenciadores, permitindo às marcas adaptar as suas mensagens e recursos criativos para que ressoem em segmentos de público específicos. Através do processamento de linguagem natural (PNL) e da análise de sentimentos, os algoritmos de IA podem avaliar o desempenho dos conteúdos gerados pelos influenciadores em tempo real, identificando tendências, sentimentos e factores de envolvimento.

Este ciclo de feedback em tempo real permite às marcas iterar e aperfeiçoar as suas estratégias de conteúdo de forma dinâmica, optimizando a relevância, autenticidade e eficácia. Ao aproveitar o poder da IA para personalizar o conteúdo em escala, as marcas podem aumentar o envolvimento, promover ligações mais profundas com o seu público e impulsionar conversões de forma mais eficaz.

Deteção de fraudes e monitorização da conformidade

Outra área em que a IA se destaca no marketing de influenciadores é a deteção de fraudes e a monitorização da conformidade. À medida que o setor cresce, também cresce o risco de atividades fraudulentas, como seguidores falsos, manipulação de engajamento e conteúdo patrocinado não divulgado. As ferramentas alimentadas por IA podem analisar vários sinais e padrões para detetar comportamentos suspeitos entre os influenciadores, sinalizando potenciais instâncias de fraude ou não conformidade.

Ao tirar partido da IA para a deteção de fraudes e monitorização da conformidade, as marcas podem salvaguardar a sua reputação, mitigar os riscos e garantir a transparência e autenticidade nas suas parcerias com influenciadores. Estas soluções baseadas em IA proporcionam às marcas uma maior confiança nas suas iniciativas de marketing de influência, promovendo relações de longo prazo baseadas na integridade e na responsabilidade.

Otimização baseada em IA no marketing de afiliados

No marketing de afiliados, a IA oferece benefícios semelhantes em termos de otimização, segmentação e análise de desempenho. As plataformas de gestão de afiliados com IA utilizam algoritmos de aprendizagem automática para identificar afiliados com elevado potencial, otimizar estruturas de comissões e automatizar processos de gestão de campanhas.

Comissionamento dinâmico e incentivo

A IA permite estratégias dinâmicas de comissionamento e incentivo no marketing de afiliados, permitindo que as marcas ajustem as taxas de comissão com base em dados de desempenho em tempo real e condições de mercado. Ao analisar as tendências de conversão, os comportamentos dos clientes e as contribuições dos afiliados, os algoritmos de IA podem otimizar as estruturas de comissões para maximizar o ROI e incentivar os afiliados de forma eficaz.

Segmentação preditiva de clientes

As plataformas de marketing de afiliação orientadas para a IA utilizam a análise preditiva para segmentar os clientes com base nas suas preferências, comportamentos e intenção de compra. Ao compreenderem as necessidades e interesses únicos dos diferentes segmentos de clientes, as marcas podem adaptar as suas campanhas de marketing de afiliação e promoções para que ressoem em grupos de público específicos, conduzindo a taxas de envolvimento e conversão mais elevadas.

Acompanhamento e atribuição automatizados do desempenho

A IA automatiza o controlo de desempenho e a atribuição no marketing de afiliados, fornecendo às marcas informações granulares sobre a eficácia das suas parcerias e campanhas de afiliados. Ao analisar modelos de atribuição multicanal, pontos de contacto com o cliente e percursos de conversão, os algoritmos de IA podem atribuir com precisão as vendas e os leads aos respectivos afiliados, optimizando a transparência e a justiça.

Otimização Preditiva de Campanhas

À semelhança do marketing de influenciadores, a IA permite a otimização preditiva de campanhas no marketing de afiliados, permitindo às marcas prever os potenciais resultados das suas campanhas e ajustar as suas estratégias em conformidade. Ao analisar os dados históricos de desempenho, as tendências do mercado e a dinâmica da concorrência, os algoritmos de IA podem identificar oportunidades de otimização e recomendar informações accionáveis para melhorar a eficácia da campanha e o ROI.

Estudos de caso

Através da utilização de ferramentas e técnicas baseadas em IA, os promotores de eventos podem otimizar as suas campanhas, personalizar as suas mensagens e maximizar o seu retorno do investimento (ROI).

Dreamforce by Salesforce: A Dreamforce, uma conferência anual organizada pela Salesforce, é um dos maiores eventos tecnológicos a nível mundial, atraindo milhares de participantes todos os anos. A Salesforce utiliza a análise preditiva orientada por IA para identificar potenciais participantes e personalizar a sua experiência no evento. Ao analisar grandes quantidades de dados de participantes anteriores, interacções nas redes sociais e comportamento dos clientes, os algoritmos de IA da Salesforce prevêem quais os potenciais participantes com maior probabilidade de participar e interagir com o evento. Isto permite campanhas de marketing direccionadas e adaptadas às preferências individuais, resultando em taxas de registo mais elevadas e numa maior participação. Além disso, os chatbots com tecnologia de IA fornecem assistência em tempo real aos participantes, respondendo a perguntas e orientando-os na programação do evento, melhorando ainda mais a experiência geral.

SXSW (South by Southwest): O SXSW é um conglomerado anual de festivais e conferências de cinema, meios de comunicação interactivos e música que tem lugar em Austin, Texas. Para promover o evento e maximizar a participação, o

SXSW utiliza sistemas de recomendação de conteúdos baseados em IA. Estes sistemas analisam as preferências passadas dos participantes, o histórico de navegação e as interacções com as redes sociais para criar recomendações de eventos personalizadas. Seja sugerindo sessões relevantes, palestrantes ou eventos de networking, a IA garante que os participantes recebam recomendações personalizadas que se alinham com seus interesses. Esta abordagem personalizada não só aumenta a satisfação dos participantes, como também promove um envolvimento mais profundo com o conteúdo do evento, acabando por gerar um maior valor global tanto para os participantes como para os organizadores.

Festival de Música Coachella: o Coachella é conhecido pelo seu alinhamento repleto de estrelas e pela experiência imersiva do festival. Para promover o evento e vender bilhetes, o Coachella utiliza campanhas publicitárias nas redes sociais baseadas em IA. Ao utilizar algoritmos de aprendizagem automática, o Coachella identifica as pessoas com maior probabilidade de se interessarem pelo festival com base nos seus dados demográficos, interesses e comportamento online. Estes algoritmos analisam continuamente os dados para otimizar a segmentação dos anúncios, garantindo que o conteúdo promocional chega aos segmentos de público certos no momento certo. Como resultado, o Coachella atinge taxas de conversão e vendas de bilhetes mais elevadas, ao mesmo tempo que minimiza o desperdício de gastos com publicidade. Além disso, a IA é utilizada para analisar o sentimento e o feedback das redes sociais em tempo real, permitindo que os organizadores tomem decisões baseadas em dados e ajustem as suas estratégias de marketing em tempo real.

Conferências TED: TED (Technology, Entertainment, Design) é uma plataforma global para a divulgação de ideias através de palestras curtas e poderosas. Para promover as suas várias conferências e eventos em todo o mundo, a TED utiliza campanhas de marketing por correio eletrónico baseadas em IA. Ao tirar partido dos algoritmos de aprendizagem automática, a TED analisa o comportamento dos participantes anteriores, as preferências de conteúdo e os padrões de envolvimento para personalizar a comunicação por correio eletrónico. Isto inclui a adaptação de linhas de assunto, recomendações de conteúdo e convites para eventos de forma a corresponder aos interesses de cada destinatário. Como resultado, a TED obtém taxas de abertura de e-mail mais elevadas, taxas de cliques e registos de eventos em comparação com as campanhas de e-mail tradicionais. Além disso, a análise baseada em IA fornece informações sobre as métricas de desempenho do e-mail, permitindo à TED otimizar as suas mensagens e estratégias de segmentação para campanhas futuras.

Adobe Summit: A Adobe Summit é uma conferência anual organizada pela Adobe Systems que se centra no marketing digital e na experiência do cliente. Para promover o evento e impulsionar a participação, a Adobe utiliza plataformas de matchmaking de eventos com tecnologia de IA. Estas plataformas analisam os perfis, as preferências e os objectivos dos participantes para os fazer corresponder a sessões, workshops e oportunidades de ligação em rede relevantes. Ao facilitar conexões significativas e agendas personalizadas, a IA melhora a experiência geral do participante e incentiva um envolvimento mais profundo com o conteúdo do evento. Além disso, os algoritmos de IA fornecem aos organizadores informações em tempo real sobre os interesses e as interacções dos participantes, permitindo-lhes adaptar a programação do evento e a entrega de conteúdos em tempo real para melhor satisfazer as necessidades e expectativas dos participantes.

CAPÍTULO 6
Marketing de causas e integração da IA

Ashwani Kumar

Escola de Engenharia e Tecnologia

K. R. Mangalam University, Gurugram, Haryana, Índia

Vijay Singh

Escola de Engenharia e Tecnologia Amity

Universidade de Amity, Noida, UP, Índia

Introdução

O marketing de causas tem-se tornado cada vez mais predominante no panorama empresarial, à medida que as empresas procuram alinhar os seus objectivos de lucro com o impacto social e ambiental. Representa uma abordagem estratégica em que as empresas colaboram com organizações sem fins lucrativos ou apoiam causas sociais para obter resultados mutuamente benéficos.

Na sua essência, o marketing de causas incorpora a integração da responsabilidade social das empresas (RSE) com iniciativas de marketing. Vai para além da filantropia tradicional, criando relações simbióticas entre empresas e causas, em que ambas as partes retiram valor. Um princípio fundamental do marketing de causas é a autenticidade. A autenticidade exige um compromisso genuíno das empresas para com a causa que apoiam, uma vez que os consumidores actuais são exigentes e exigem transparência nas acções das empresas.

A transparência e a confiança estão intimamente ligadas à autenticidade. As empresas que se dedicam ao marketing de causas devem ser transparentes quanto aos seus motivos, acções e impacto que pretendem alcançar. Esta transparência cria confiança junto dos consumidores, que são mais susceptíveis de apoiar as marcas que demonstram sinceridade nos seus esforços sociais e ambientais.

Outro princípio fundamental do marketing de causas é o alinhamento. As campanhas eficazes de marketing de causas alinham-se com os valores e a missão tanto da empresa como da causa escolhida. Quando existe sinergia entre os dois, a narrativa é reforçada e os consumidores sentem uma ressonância mais profunda. Por exemplo, uma marca de moda sustentável em parceria com uma organização ambientalista para promover práticas amigas do ambiente alinha-se com o seu compromisso comum de conservação ambiental.

As campanhas de marketing de causas também devem dar prioridade ao impacto. As empresas devem avaliar os resultados tangíveis que o seu apoio irá gerar para a causa e comunicar esses resultados de forma transparente aos consumidores. A medição do impacto permite às empresas avaliar a eficácia das suas iniciativas e tomar decisões baseadas em dados para futuras campanhas.

A colaboração é outro princípio que sustenta os esforços bem sucedidos de marketing de causas. A colaboração envolve a criação de parcerias significativas com organizações sem fins lucrativos, agências governamentais e outras partes interessadas para ampliar o alcance e o impacto da campanha. Ao aproveitar os recursos e conhecimentos colectivos, as empresas podem enfrentar os desafios sociais e ambientais de forma mais eficaz.

O pensamento inovador é essencial para que as campanhas de marketing de causas se destaquem num mercado concorrido. As empresas devem explorar abordagens criativas para envolver os consumidores e inspirar acções. Isto pode implicar o recurso à tecnologia, à narração de histórias ou ao marketing experimental para transmitir a mensagem de forma convincente. A inovação promove a diferenciação e capta a atenção do consumidor no meio de mensagens concorrentes.

As considerações éticas são fundamentais no marketing de causas, uma vez que as empresas lidam com questões sociais complexas. É crucial garantir que a campanha não explora ou banaliza tópicos sensíveis para obter ganhos comerciais. A integridade ética exige que as empresas defendam os princípios morais e evitem o "greenwashing" ou "cause washing" - tentativas superficiais de parecerem socialmente responsáveis sem uma ação significativa.

A adaptabilidade é um princípio fundamental no marketing de causas, especialmente num cenário em rápida evolução. As empresas devem manter-se flexíveis e responder às mudanças nas preferências dos consumidores, às questões sociais e à dinâmica do mercado. Isto pode implicar o ajuste de estratégias de campanha, a revisão de parcerias ou a adoção de novas abordagens para se manterem relevantes e com impacto.

A medição e a avaliação são essenciais para o sucesso das campanhas de marketing de causas. As empresas devem estabelecer objectivos e métricas claros para acompanhar o desempenho e o impacto das suas iniciativas. Ao analisar os dados e o feedback, as empresas podem aperfeiçoar as suas estratégias, otimizar a atribuição de recursos e demonstrar responsabilidade perante as partes interessadas.

Por último, o compromisso a longo prazo é essencial para um impacto significativo no marketing de causas. A mudança sustentável exige dedicação e investimento contínuos por parte das empresas, para além das campanhas pontuais. A construção de relações duradouras com causas e comunidades promove a confiança e gera resultados positivos duradouros.

Aplicações de IA em campanhas de marketing de causas

A integração da inteligência artificial (IA) em vários sectores revolucionou as práticas tradicionais, e o marketing de causas não é exceção. A IA oferece uma infinidade de aplicações que podem aumentar significativamente a eficácia e o impacto das campanhas de marketing de causas. Desde o alcance personalizado até aos insights orientados por dados, a IA permite que as organizações se envolvam com o seu público de forma mais autêntica, amplifiquem a sua mensagem e promovam mudanças significativas.

Uma das principais formas como a IA está a transformar o marketing de causas é através da sua capacidade de analisar grandes quantidades de dados e extrair informações valiosas. Com as ferramentas de análise alimentadas por IA, as organizações podem obter uma compreensão mais profunda de seu público-alvo, suas preferências e seus comportamentos. Ao aproveitar os dados das redes sociais, interacções online e outras fontes, os profissionais de marketing de causas podem identificar tendências, antecipar mudanças no sentimento público e adaptar as suas campanhas em conformidade. Por exemplo, os algoritmos de IA podem analisar as conversas nas redes sociais para identificar tópicos e sentimentos relevantes relacionados com uma determinada causa, permitindo que os profissionais de marketing criem mensagens que ressoem com o seu público.

A personalização é outra área chave onde a IA está a ter um impacto significativo nas campanhas de marketing de causas. Ao aproveitar os algoritmos de aprendizado de máquina, as organizações podem criar experiências altamente personalizadas para seus apoiadores, promovendo conexões mais fortes e gerando maior envolvimento. A personalização com base na IA permite que os profissionais de marketing forneçam conteúdo, recomendações e apelos à ação personalizados com base nas preferências e comportamentos individuais. Por exemplo, uma organização que defenda a conservação do ambiente pode utilizar a IA para analisar os dados dos apoiantes e fornecer mensagens personalizadas que realcem acções específicas que os indivíduos podem tomar com base nos seus interesses e interacções anteriores.

A IA também desempenha um papel crucial na otimização da segmentação e distribuição de conteúdos de marketing de causas. Através da análise preditiva e da segmentação do público, os profissionais de marketing podem identificar os canais e estratégias mais eficazes para atingir o seu público-alvo. Os algoritmos de IA podem analisar dados históricos para prever quais os indivíduos com maior probabilidade de se envolverem com uma causa e quais os canais de comunicação mais eficazes para os alcançar. Isto permite que os profissionais de marketing atribuam recursos de forma mais eficiente e maximizem o impacto das suas campanhas. Por exemplo, a segmentação baseada em IA pode ajudar as organizações a identificar potenciais doadores com maior probabilidade de responder a um apelo de angariação de fundos e a adaptar os seus esforços de divulgação em conformidade.

Para além de melhorar o alcance e o envolvimento, a IA também está a ser utilizada para melhorar a eficiência e a eficácia dos esforços de angariação de fundos. Os chatbots e os assistentes virtuais alimentados por IA podem prestar apoio em tempo real aos doadores, respondendo a perguntas, fornecendo informações e facilitando os donativos. Estas ferramentas baseadas em IA podem simplificar o processo de doação, facilitando a contribuição dos indivíduos para uma causa que lhes interessa. Além disso, os algoritmos de IA podem analisar os dados dos doadores para identificar padrões e tendências, permitindo que as organizações optimizem as suas estratégias de angariação de fundos e maximizem o seu potencial de angariação de fundos. Ao tirar partido da IA, as organizações podem obter informações valiosas sobre o comportamento, as preferências e as motivações dos doadores, permitindo-lhes adaptar os seus apelos à angariação de fundos e cultivar relações mais profundas com os seus apoiantes.

Além disso, a IA está a revolucionar a forma como os profissionais de marketing de causas medem e avaliam o impacto das suas campanhas. As métricas tradicionais, como o alcance e o envolvimento, são importantes, mas a IA permite que os profissionais de marketing se aprofundem e obtenham uma compreensão mais abrangente do desempenho da campanha. Através de análises avançadas e algoritmos de aprendizagem automática, as organizações podem medir a eficácia dos seus esforços de marketing de causas em termos de resultados tangíveis, tais como mudanças de comportamento, mudanças de atitude e impacto social. Por exemplo, a análise de sentimentos baseada em IA pode avaliar a perceção do público sobre uma causa ao longo do tempo, fornecendo informações valiosas sobre a eficácia de diferentes estratégias de mensagens.

Alinhar os valores da marca com os conhecimentos de IA

Os valores da marca servem de base a esta identidade, representando as crenças, os princípios e a missão que orientam as acções e decisões de uma empresa. À medida que a tecnologia continua a evoluir, a inteligência artificial (IA) está a desempenhar um papel cada vez mais importante para ajudar as empresas a compreender o seu público, otimizar as suas operações e melhorar as suas estratégias de marketing. No entanto, para que a IA gere verdadeiramente valor para uma marca, tem de estar alinhada com os valores e objectivos da marca. Este alinhamento garante que os conhecimentos e as acções orientados para a IA não só são eficazes, como também reflectem a ética e o compromisso da marca para com os seus clientes.

Na sua essência, o alinhamento dos valores da marca com os conhecimentos de IA envolve o aproveitamento da tecnologia para defender os princípios e ideais que definem uma marca. Este alinhamento pode manifestar-se em vários aspectos das operações comerciais, desde o desenvolvimento de produtos e serviço ao cliente até ao marketing e iniciativas de responsabilidade social empresarial. Ao integrar a IA nestas áreas, mantendo-se fiel aos seus valores, as marcas podem desbloquear novas oportunidades de crescimento, inovação e impacto positivo.

Uma das principais formas de as marcas alinharem os seus valores com os conhecimentos de IA é através da tomada de decisões baseada em dados. As tecnologias de IA têm a capacidade de analisar grandes quantidades de dados e extrair insights significativos que podem informar escolhas e iniciativas estratégicas. No entanto, é essencial que as marcas garantam que os dados que estão a ser analisados estão alinhados com os seus valores e padrões éticos. Isto significa dar prioridade à privacidade, segurança e transparência dos dados durante todo o processo de recolha e análise de dados. Ao defender estes princípios, as marcas podem confiar que os conhecimentos gerados pela IA não são apenas exactos e accionáveis, mas também eticamente sólidos.

Para além disso, as marcas podem utilizar a IA para personalizar os seus produtos, serviços e esforços de marketing de uma forma que esteja em sintonia com os seus valores e se ligue ao seu público a um nível mais profundo. A personalização tornou-se cada vez mais importante no mercado atual centrado no consumidor, com os clientes à espera de experiências personalizadas que reflictam as suas preferências e interesses. Os algoritmos alimentados por IA podem analisar os dados dos clientes para compreender os comportamentos individuais, as preferências e os padrões de compra, permitindo que as marcas forneçam recomendações, ofertas e conteúdos personalizados. No entanto, é essencial que as marcas garantam que os esforços de personalização estejam alinhados com os seus valores de respeito, diversidade e inclusão. Isto significa evitar preconceitos e estereótipos algorítmicos que podem inadvertidamente alienar ou ofender certos segmentos do seu público.

Além disso, as marcas podem utilizar a IA para melhorar as suas capacidades de serviço e apoio ao cliente, mantendo-se fiéis aos seus valores de integridade, empatia e confiança. Os chatbots e assistentes virtuais com IA podem fornecer assistência e informações instantâneas aos clientes, ajudando-os a encontrar respostas às suas perguntas, a resolver problemas e a tomar decisões informadas. No entanto, é crucial que as marcas garantam que estas interacções baseadas em IA sejam genuínas, empáticas e humanas na sua abordagem. Isto significa programar os chatbots com respostas que reflictam o tom de voz, os valores e o compromisso da marca com a satisfação do cliente. Ao alinhar o serviço ao cliente orientado para a IA com os seus valores, as marcas podem criar experiências positivas que reforçam a fidelização e a defesa do cliente.

Para além de melhorar os processos orientados para o cliente, as marcas também podem utilizar a IA para otimizar as suas operações internas e os processos de tomada de decisões, ao mesmo tempo que defendem os seus valores de inovação, colaboração e sustentabilidade. As tecnologias de IA, tais como a análise preditiva, a aprendizagem automática e a automatização, podem simplificar os fluxos de trabalho, melhorar a eficiência e reduzir os custos em vários departamentos e funções. No entanto, é importante que as marcas garantam que estas optimizações orientadas para a IA dão prioridade a considerações éticas, ao bem-estar dos colaboradores e à sustentabilidade ambiental. Isto significa implementar soluções de IA que apoiem a diversidade e a inclusão no local de trabalho, promovam a colaboração e a criatividade entre as equipas e minimizem o impacto ambiental através de uma gestão responsável dos recursos.

Além disso, as marcas podem utilizar a IA para apoiar as suas iniciativas de responsabilidade social das empresas (RSE) e contribuir para uma mudança social positiva, mantendo-se fiéis aos seus valores de cidadania empresarial, filantropia e gestão ambiental. As tecnologias de IA podem ajudar as marcas a identificar e abordar questões sociais e ambientais, acompanhar o impacto dos seus programas de RSE e envolver as partes interessadas num diálogo e colaboração significativos. No entanto, é essencial que as marcas garantam que os seus esforços de RSE orientados para a IA são autênticos, transparentes e alinhados com os seus valores e objectivos a longo prazo. Isto significa ser honesto e responsável sobre os desafios e limitações da IA na abordagem de questões sociais e ambientais complexas, bem como envolver ativamente as partes interessadas na co-criação e avaliação de iniciativas de RSE.

Histórias de sucesso de marketing de causas orientado por IA

O marketing de causas, o alinhamento estratégico de uma marca com uma causa social ou ambiental, tornou-se cada vez mais predominante no panorama atual do marketing. À medida que as empresas se esforçam por se ligarem aos consumidores a um nível mais profundo, o marketing de causas oferece uma forma não só de impulsionar as vendas, mas também de ter um impacto positivo na sociedade. Com o advento da inteligência artificial (IA), os esforços de marketing de causas foram levados a novos patamares, permitindo que as marcas aproveitem as informações baseadas em dados e as tecnologias inovadoras para ampliar o seu impacto.

Estudo de caso 1: TOMS Shoes

A TOMS Shoes é conhecida pelo seu compromisso com a responsabilidade social através do seu modelo "One for One", em que por cada par de sapatos comprado, um par é doado a uma criança necessitada. Nos últimos anos, a TOMS tem aproveitado o poder da IA para melhorar as suas iniciativas de marketing de causas. Ao utilizar algoritmos de IA para analisar os dados dos clientes e os padrões de compra, a TOMS obteve informações valiosas sobre as preferências e os comportamentos dos consumidores. Esta abordagem baseada em dados permitiu à TOMS adaptar os seus esforços de marketing de forma mais eficaz, assegurando que as suas mensagens ressoam junto dos públicos-alvo.

Uma das principais áreas em que a IA teve um impacto significativo para a TOMS é nas campanhas de marketing personalizadas. Ao utilizar motores de recomendação alimentados por IA, a TOMS pode fornecer conteúdo altamente direcionado e relevante para clientes individuais, aumentando as taxas de envolvimento e conversão. Além disso, as ferramentas de escuta social orientadas por IA permitiram à TOMS monitorizar as conversas sobre questões e tendências sociais em tempo real, permitindo à marca responder rápida e adequadamente.

Estudo de caso 2: Patagónia

A Patagonia, uma das principais empresas de vestuário para actividades ao ar livre, há muito que está empenhada na conservação ambiental e na sustentabilidade. Através do seu programa "Worn Wear", a Patagonia promove a reparação, reutilização e reciclagem de vestuário para reduzir o desperdício e minimizar o impacto ambiental dos seus produtos. Nos últimos anos, a Patagonia adoptou tecnologias de IA para amplificar os seus esforços de marketing de causas e promover mudanças positivas.

Um exemplo notável de marketing de causa orientado por IA na Patagonia é o uso de algoritmos de aprendizado de máquina para otimizar a sustentabilidade da cadeia de suprimentos. Ao analisar dados de fornecedores, fabricantes e canais de distribuição, a Patagonia pode identificar oportunidades para reduzir as emissões de carbono, minimizar o desperdício e melhorar o desempenho geral da sustentabilidade. Esta abordagem baseada em dados não só ajuda a Patagonia a cumprir o seu compromisso com a gestão ambiental, como também melhora a reputação da sua marca entre os consumidores ambientalmente conscientes.

Estudo de caso 3: Coca-Cola

A Coca-Cola, uma das maiores empresas de bebidas do mundo, lançou-se em várias iniciativas de marketing de causas com o objetivo de enfrentar desafios sociais e ambientais. Nos últimos anos, a Coca-Cola adoptou a IA como uma ferramenta poderosa para impulsionar mudanças positivas e, ao mesmo tempo, promover os seus objectivos de marketing.

Uma das notáveis campanhas de marketing de causas orientadas para a IA da Coca-Cola é a sua parceria com o World Wildlife Fund (WWF) para proteger os ursos polares e os seus habitats. Através da utilização de análises de dados com base em IA, a Coca-Cola pode acompanhar o comportamento e as preferências dos consumidores relativamente à sustentabilidade e à conservação. Estes dados informam a conceção e implementação de campanhas de marketing que aumentam a consciencialização sobre os esforços de conservação dos ursos polares, ao mesmo tempo que promovem o compromisso da Coca-Cola com a responsabilidade ambiental.

CAPÍTULO 7
Insights orientados por dados para marketing de eventos e causas

Ashwani Kumar

Escola de Engenharia e Tecnologia

K. R. Mangalam University, Gurugram, Haryana, Índia

Dhiraj Singh Rawat

Departamento de Informática

NIET, Greater Noida, Uttar Pradesh, Índia

Introdução

A recolha e a análise de dados de marketing evoluíram de uma atividade suplementar para uma necessidade fundamental para as empresas que procuram manter-se competitivas no atual panorama do mercado. Esta secção analisa a importância da recolha e análise de dados de marketing, explorando os métodos, as ferramentas e as melhores práticas que permitem aos profissionais de marketing tirar partido das informações baseadas em dados para a tomada de decisões estratégicas.

A importância dos dados de marketing

Os dados de marketing englobam uma vasta gama de informações, que vão desde a demografia dos clientes e o historial de compras até aos padrões de tráfego do sítio Web e às métricas de envolvimento nas redes sociais. Este manancial de dados tem um valor imenso para as empresas, uma vez que fornece informações accionáveis que conduzem a uma tomada de decisões informada em todas as facetas da estratégia de marketing. Ao compreenderem as preferências dos clientes, os padrões de comportamento e os pontos fracos, as empresas podem adaptar os seus esforços de marketing para que estes ressoem eficazmente junto do seu público-alvo.

Recolha de dados de marketing

O primeiro passo para aproveitar o poder dos dados de marketing é recolher informações relevantes de várias fontes. As empresas modernas têm acesso a uma grande quantidade de fluxos de dados, incluindo:

Interacções com os clientes: Os dados recolhidos das interacções com os clientes, tais como visitas a sítios Web, aberturas de correio eletrónico e interacções nas redes sociais, oferecem informações valiosas sobre o comportamento e as preferências dos consumidores.

Dados transaccionais: O histórico de compras e os dados transaccionais fornecem informações sobre os hábitos de consumo dos clientes, as preferências de produtos e a frequência de compras.

Inquéritos e feedback: O feedback direto dos clientes através de inquéritos, avaliações e formulários de feedback pode oferecer uma visão qualitativa da satisfação do cliente e das áreas a melhorar.

Dados de terceiros: As fontes de dados externas, tais como dados demográficos, relatórios de estudos de mercado e referências do sector, fornecem um contexto adicional e informações sobre as tendências do mercado e o comportamento dos consumidores.

Ferramentas de recolha de dados de marketing

Para recolher e gerir eficazmente os dados de marketing, as empresas utilizam uma variedade de ferramentas e tecnologias, incluindo:

Sistemas de gestão da relação com o cliente (CRM): Os sistemas de CRM centralizam os dados dos clientes, permitindo às empresas acompanhar as interacções com os clientes, gerir os contactos e personalizar as comunicações de marketing.

Plataformas de análise da Web: Ferramentas como o Google Analytics fornecem informações aprofundadas sobre o tráfego do sítio Web, o comportamento do utilizador e as métricas de conversão, permitindo às empresas otimizar a sua presença online e a experiência do utilizador.

Ferramentas de monitorização das redes sociais: Plataformas como Hootsuite e Sprout Social permitem que as empresas acompanhem e analisem as métricas de envolvimento nas redes sociais, monitorizem as menções à marca e obtenham informações sobre o sentimento do público.

Plataformas de gestão de dados (DMPs): As DMPs agregam e organizam dados de várias fontes, permitindo que as empresas criem perfis de clientes abrangentes e públicos-alvo com campanhas de marketing personalizadas.

Analisar dados de marketing

Uma vez recolhidos os dados de marketing, a próxima etapa crucial é a análise desses dados para extrair informações significativas. A análise de dados envolve:

Análise descritiva: A análise descritiva envolve o resumo e a visualização de dados de marketing para obter uma compreensão de alto nível das principais métricas e tendências. Técnicas como a visualização de dados, painéis de controlo e estatísticas resumidas são normalmente utilizadas na análise descritiva.

Análise de diagnóstico: A análise de diagnóstico tem como objetivo descobrir as causas fundamentais das tendências e anomalias observadas nos dados de marketing. Ao identificar correlações, padrões e relações nos dados, as empresas podem obter conhecimentos mais profundos sobre o comportamento dos clientes e o desempenho das campanhas.

Análise preditiva: A análise preditiva aproveita a modelação estatística e os algoritmos de aprendizagem automática para prever tendências e resultados futuros com base em dados históricos. Os modelos preditivos permitem às empresas antecipar o comportamento dos clientes, otimizar as estratégias de marketing e tomar decisões baseadas em dados com confiança.

Análise prescritiva: A análise prescritiva vai além da previsão de resultados futuros para recomendar estratégias accionáveis para atingir os objectivos desejados. Ao simular diferentes cenários e analisar o impacto potencial de várias intervenções, as empresas podem identificar os cursos de ação mais eficazes para otimizar o desempenho do marketing.

Melhores práticas para análise de dados

Para obter o máximo valor da análise dos dados de marketing, as empresas devem seguir as seguintes práticas recomendadas:

Definir objectivos claros: Definir claramente os objectivos e os indicadores-chave de desempenho (KPI) para a análise de dados, de modo a garantir o alinhamento com as metas e os objectivos da empresa.

Utilizar fontes de dados fiáveis: Assegurar que os dados recolhidos para análise são exactos, fiáveis e representativos do público-alvo, para evitar ideias tendenciosas e conclusões erradas.

Investir em ferramentas de análise e conhecimentos especializados: Investir em ferramentas analíticas avançadas e em conhecimentos especializados para analisar e interpretar eficazmente os dados de marketing, tirando partido das tecnologias e metodologias mais recentes para descobrir informações accionáveis.

Iterar e aperfeiçoar: Monitorizar e aperfeiçoar continuamente os processos de análise de dados com base no feedback e nos conhecimentos obtidos em análises anteriores, repetindo estratégias para melhorar a precisão e a eficácia ao longo do tempo.

IA para análise preditiva

A análise preditiva, potenciada pela inteligência artificial (IA), surgiu como uma força transformadora no domínio da tomada de decisões baseada em dados. Ao utilizar algoritmos avançados e técnicas de aprendizagem automática, as organizações podem extrair informações valiosas de vastos conjuntos de dados para antecipar tendências, padrões de comportamento e resultados futuros.

Compreender a análise preditiva: A análise preditiva envolve a utilização de dados históricos, algoritmos estatísticos e aprendizagem automática para prever eventos ou comportamentos futuros. Ao contrário da análise tradicional, que se concentra na análise de eventos passados para compreender o que aconteceu e porquê, a análise preditiva tem como objetivo prever o que irá acontecer a seguir e qual a probabilidade de isso acontecer. Esta abordagem proactiva permite às organizações antecipar as preferências dos clientes, as tendências do mercado, os riscos potenciais e as oportunidades, permitindo assim tomar decisões informadas.

O papel da IA na análise preditiva: A IA desempenha um papel fundamental no aumento da eficácia e eficiência da análise preditiva. Ao aproveitar as capacidades da IA, as organizações podem processar grandes volumes de dados estruturados e não estruturados, descobrir padrões complexos e gerar previsões exactas com o mínimo de intervenção humana. A integração de algoritmos alimentados por IA permite que os modelos preditivos aprendam e se adaptem continuamente à dinâmica dos dados em mudança, melhorando assim a sua precisão preditiva ao longo do tempo.

Aplicações da análise preditiva baseada em IA: A análise preditiva baseada em IA encontra aplicações em diversos sectores, incluindo finanças, saúde, marketing, retalho, fabrico e logística. Nas finanças, a análise preditiva é utilizada para a deteção de fraudes, avaliação do risco de crédito e negociação algorítmica. Nos cuidados de saúde, facilita a medicina personalizada, o diagnóstico de doenças e a previsão dos resultados dos doentes. No marketing, a análise preditiva ajuda na segmentação de clientes, na previsão de rotatividade e na otimização de campanhas. Do mesmo modo, no retalho, permite a previsão da procura, a otimização do inventário e a formulação de estratégias de preços.

Técnicas fundamentais da análise preditiva baseada em IA: São utilizadas várias técnicas na análise preditiva baseada em IA para extrair informações significativas dos dados e gerar previsões exactas. Estas incluem:

Algoritmos de aprendizagem automática: Os algoritmos de aprendizagem automática, tais como árvores de decisão, florestas aleatórias, máquinas de vectores de suporte e redes neurais, são utilizados para treinar modelos preditivos em dados históricos e fazer previsões em novos dados.

Processamento de linguagem natural (PNL): As técnicas de PNL são utilizadas para analisar e extrair informações de dados textuais não estruturados, como comentários de clientes, publicações em redes sociais e e-mails, permitindo às organizações compreender o sentimento e o comportamento dos clientes.

Análise de séries temporais: As técnicas de análise de séries temporais são aplicadas para analisar pontos de dados sequenciais ao longo do tempo e identificar padrões, tendências e sazonalidade, facilitando a previsão exacta de valores futuros.

Métodos de conjunto: Os métodos de conjunto, como bagging, boosting e stacking, combinam vários modelos de previsão para melhorar a precisão da previsão e reduzir o risco de sobreajuste.

Desafios e considerações: Embora a análise preditiva baseada em IA ofereça um potencial imenso, não está isenta de desafios e considerações. Alguns dos principais desafios incluem:

Qualidade e disponibilidade dos dados: A eficácia dos modelos de previsão depende em grande medida da qualidade e disponibilidade dos dados. Dados de má qualidade, conjuntos de dados incompletos e silos de dados podem prejudicar a precisão e a fiabilidade das previsões.

Interpretabilidade do modelo: Os modelos complexos de IA, como as redes neurais profundas, carecem frequentemente de interpretabilidade, dificultando aos utilizadores a compreensão da forma como as previsões são geradas. Os modelos interpretáveis são essenciais, especialmente em sectores regulamentados onde a transparência e a responsabilidade são fundamentais.

Preocupações éticas e de preconceito: As análises preditivas baseadas em IA levantam preocupações éticas relacionadas com a privacidade dos dados, o enviesamento algorítmico e a discriminação. Os dados de treino enviesados podem resultar em resultados injustos ou discriminatórios, sublinhando a importância de práticas éticas de IA e estratégias de mitigação de enviesamento.

Escalabilidade e implementação: A implementação de modelos preditivos alimentados por IA em escala requer uma infraestrutura robusta, algoritmos escaláveis e integração com os sistemas existentes. As organizações também devem considerar factores como a manutenção, monitorização e reciclagem de modelos para garantir o sucesso a longo prazo.

Perspectivas futuras: Apesar dos desafios, as perspectivas futuras para a análise preditiva baseada em IA são altamente promissoras. À medida que as tecnologias de IA continuam a avançar, os modelos preditivos tornar-se-ão mais precisos, interpretáveis e escaláveis. A proliferação de grandes volumes de dados, de dispositivos IoT e da computação em nuvem irá alimentar ainda mais a adoção da análise preditiva em todos os sectores. Além disso, a investigação em curso em áreas como a IA explicável, a aprendizagem federada e a aprendizagem automática de máquinas (AutoML) abordará os desafios existentes e impulsionará a inovação na análise preditiva.

Tirar partido dos megadados para tomar decisões estratégicas

O Big Data, um termo que engloba os vastos volumes de dados estruturados e não estruturados gerados por várias fontes, tem um potencial imenso para as organizações que procuram obter conhecimentos, tomar decisões informadas e manter-se à frente da concorrência. O aproveitamento eficaz do Big Data requer não só tecnologias sofisticadas, mas também uma visão estratégica e uma cultura orientada para os dados nas organizações.

A capacidade de recolher, processar, analisar e interpretar grandes conjuntos de dados de diversas fontes está no cerne da utilização de Big Data para a tomada de decisões estratégicas. Estas fontes podem incluir interacções com clientes, actividades nas redes sociais, tráfego de sítios Web, transacções de vendas, dispositivos IoT e muito mais. O grande volume, a velocidade e a variedade de dados gerados colocam desafios significativos, mas também apresentam oportunidades para as organizações dispostas a aproveitar o seu potencial.

Uma das principais vantagens do Big Data é a sua capacidade de fornecer uma visão abrangente do panorama empresarial. Ao agregar e analisar dados de várias fontes, as organizações podem obter informações sobre as tendências do mercado, o comportamento dos clientes, as estratégias dos concorrentes e a dinâmica do sector. Esta compreensão holística permite a tomada de decisões informadas em várias funções, desde o marketing e as vendas ao desenvolvimento de produtos e à gestão da cadeia de fornecimento.

No domínio do marketing, o Big Data desempenha um papel fundamental na otimização de campanhas, na orientação para o público certo e na medição do desempenho. Ao analisar os dados demográficos, as preferências e as interacções anteriores dos clientes, os profissionais de marketing podem adaptar as suas mensagens e ofertas para que estas tenham impacto em segmentos específicos. As técnicas de análise avançadas, como a modelação preditiva e a aprendizagem automática, permitem aos profissionais de marketing antecipar as necessidades dos clientes, identificar tendências e prever resultados com maior precisão.

Além disso, o Big Data permite que as organizações personalizem a experiência do cliente, aumentando assim o envolvimento e a fidelidade. Através da personalização orientada para os dados, as marcas podem fornecer conteúdos relevantes, recomendações e promoções a clientes individuais com base nas suas preferências e comportamento. Esta abordagem personalizada não só aumenta a satisfação do cliente, como também impulsiona as taxas de conversão e o valor do tempo de vida.

Para além do marketing, o Big Data informa as decisões estratégicas em áreas como o desenvolvimento de produtos e a inovação. Ao analisar as tendências do mercado, o feedback dos consumidores e a inteligência competitiva, as organizações podem identificar oportunidades emergentes e lacunas no mercado. Esta visão orienta o desenvolvimento de novos produtos e serviços que respondem a necessidades não satisfeitas e se alinham com as expectativas dos clientes, impulsionando assim o crescimento e a competitividade.

Além disso, o Big Data melhora a eficiência operacional e a otimização de recursos através da análise preditiva e da monitorização em tempo real. Ao analisar fluxos de dados de sensores, dispositivos e sistemas, as organizações podem identificar ineficiências, antecipar necessidades de manutenção e otimizar a atribuição de recursos. Esta abordagem proactiva minimiza o tempo de inatividade, reduz os custos e melhora a produtividade geral.

No entanto, o aproveitamento de todo o potencial dos megadados exige a superação de vários desafios, incluindo a qualidade dos dados, a segurança, a privacidade e a governação. Garantir a exatidão, a fiabilidade e a integridade dos dados é fundamental para obter informações significativas e tomar decisões sólidas. As organizações têm de investir em processos de gestão de dados, infra-estruturas e talentos robustos para enfrentar estes desafios de forma eficaz.

Além disso, as preocupações com a privacidade e a segurança dos dados exigem medidas rigorosas para proteger informações confidenciais e cumprir regulamentos como o GDPR e a CCPA. A implementação de encriptação de dados, controlos de acesso e pistas de auditoria ajuda a reduzir os riscos e a criar confiança junto dos clientes, parceiros e partes interessadas. Além disso, as organizações devem aderir aos princípios éticos e às melhores práticas para garantir a utilização responsável dos dados e evitar consequências indesejadas.

Ferramentas e plataformas para análise de dados baseada em IA

om o advento da inteligência artificial (IA), o processo de análise de dados sofreu uma transformação significativa, permitindo às organizações obter informações valiosas e obter uma vantagem competitiva nos respectivos sectores. Este artigo analisa as várias ferramentas e plataformas disponíveis para a análise de dados orientada para a IA, explorando as suas funcionalidades, benefícios e aplicações.

Introdução à análise de dados baseada em IA: A análise de dados envolve o exame de dados brutos para extrair informações úteis e tirar conclusões. Os métodos tradicionais de análise de dados geralmente exigem um esforço manual significativo e podem não ser dimensionados de forma eficaz com grandes conjuntos de dados. No entanto, com ferramentas e plataformas alimentadas por IA, as organizações podem automatizar e simplificar o processo de análise de dados, levando a insights mais rápidos e a tomadas de decisão mais precisas.

Estruturas de aprendizagem automática: As estruturas de aprendizagem automática constituem a espinha dorsal da análise de dados orientada para a IA. Estas estruturas fornecem um conjunto de ferramentas e bibliotecas para construir, treinar e implementar modelos de aprendizagem automática. As estruturas populares de aprendizagem automática incluem TensorFlow, PyTorch e scikit-learn. Estas estruturas oferecem uma vasta gama de algoritmos e funcionalidades, permitindo aos cientistas e analistas de dados desenvolver modelos preditivos, classificar dados e efetuar outras análises avançadas.

Ferramentas de visualização de dados: A visualização eficaz de dados é essencial para comunicar as informações derivadas da análise de dados. As ferramentas de visualização de dados, como o Tableau, o Power BI e o Plotly, permitem aos utilizadores criar tabelas, gráficos e dashboards interactivos e visualmente apelativos. Estas ferramentas facilitam a exploração de padrões e tendências de dados, tornando mais fácil para os intervenientes compreenderem e interpretarem conjuntos de dados complexos. Além disso, muitas ferramentas de visualização de dados oferecem integração com plataformas de análise orientadas para IA, permitindo uma análise e visualização perfeitas de informações geradas por IA.

Plataformas de Business Intelligence: As plataformas de Business Intelligence (BI) desempenham um papel crucial na análise de dados orientada para a IA, fornecendo às organizações as ferramentas para recolher, armazenar, analisar e visualizar dados de várias fontes. Estas plataformas oferecem funcionalidades como a integração de dados, consultas ad-hoc e capacidades analíticas avançadas. Exemplos de plataformas de BI populares incluem o Microsoft Power BI, o Tableau e o QlikView. Ao tirar partido das plataformas de BI, as organizações podem obter informações accionáveis sobre as suas operações comerciais e tomar decisões baseadas em dados.

Serviços de análise baseados na nuvem: A computação em nuvem revolucionou o campo da análise de dados, oferecendo soluções escaláveis e económicas para armazenar e processar grandes volumes de dados. Os serviços de análise baseados na nuvem, como o Amazon Web Services (AWS) e o Google Cloud Platform (GCP), fornecem uma gama de ferramentas e serviços de análise de dados orientados para IA. Estes incluem serviços geridos de aprendizagem automática, lagos de dados e soluções de armazenamento de dados. Ao tirar partido dos serviços de análise baseados na nuvem, as organizações podem aproveitar o poder da IA para a análise de dados sem a necessidade de um investimento inicial significativo em infra-estruturas.

Ferramentas de processamento de linguagem natural (PNL): O Processamento de Linguagem Natural (PNL) é um ramo da IA que se centra na interação entre os computadores e a linguagem humana. As ferramentas de PLN permitem que as organizações analisem e extraiam informações de dados de texto não estruturados, como avaliações de clientes, publicações em redes sociais e e-mails. As ferramentas e bibliotecas populares de PNL incluem NLTK, spaCy e Stanford

NLP. Essas ferramentas utilizam algoritmos avançados para executar tarefas como análise de sentimentos, reconhecimento de entidades nomeadas e resumo de texto, fornecendo informações valiosas para a tomada de decisões.

Plataformas de aprendizagem automática de máquinas (AutoML): As plataformas de aprendizagem automática de máquinas (AutoML) simplificam o processo de criação e implementação de modelos de aprendizagem automática, automatizando vários aspectos do fluxo de trabalho da aprendizagem automática, como a engenharia de características, a seleção de modelos e a afinação de hiperparâmetros. As plataformas AutoML, como o Google AutoML, H2O.ai e DataRobot, permitem que os utilizadores com conhecimentos limitados de aprendizagem automática desenvolvam rapidamente modelos preditivos de alta qualidade. Ao democratizar a aprendizagem automática, as plataformas AutoML permitem que as organizações aproveitem o poder da análise de dados orientada para a IA sem necessitarem de competências extensivas em ciências de dados.

Soluções de governação e segurança de dados: A governança e a segurança de dados são considerações críticas na análise de dados orientada por IA, especialmente em setores que lidam com dados confidenciais ou regulamentados. As soluções de governação de dados ajudam as organizações a estabelecer políticas e procedimentos para a gestão de dados, garantindo a conformidade com os regulamentos e as normas da indústria. Além disso, as soluções de segurança de dados, como a encriptação, os controlos de acesso e o mascaramento de dados, protegem os dados sensíveis contra o acesso não autorizado e a utilização indevida. Ao implementar medidas robustas de governança e segurança de dados, as organizações podem mitigar os riscos associados à análise de dados orientada por IA e garantir a integridade e a confidencialidade de seus dados.

Integração e interoperabilidade: A integração e a interoperabilidade perfeitas entre diferentes ferramentas e plataformas de análise de dados baseadas em IA são essenciais para maximizar a sua eficácia e eficiência. Muitos fornecedores oferecem APIs e conectores que permitem a integração com ferramentas e sistemas de terceiros, permitindo que as organizações aproveitem sua infraestrutura existente e incorporem recursos de análise orientados por IA. Além disso, normas como a Predictive Model Markup Language (PMML) e a Open Neural Network Exchange (ONNX) facilitam a interoperabilidade de modelos de aprendizagem automática em diferentes estruturas e plataformas, garantindo consistência e compatibilidade nos fluxos de trabalho de análise de dados baseados em IA.

CAPÍTULO 8
Melhorar o envolvimento e a interação

Ashwani Kumar

Escola de Engenharia e Tecnologia

K. R. Mangalam University, Gurugram, Haryana, Índia

Sudesh Singh

Departamento de Informática

NIET, Greater Noida, Uttar Pradesh, Índia

Introdução

No atual panorama digital, as empresas procuram constantemente formas inovadoras de melhorar a experiência do cliente e simplificar as operações. Entre os muitos avanços tecnológicos, os chatbots e assistentes virtuais alimentados por IA surgiram como ferramentas poderosas, revolucionando a forma como as empresas interagem com os clientes e gerem os processos internos.

Compreender os chatbots e os assistentes virtuais alimentados por IA

Os chatbots e os assistentes virtuais alimentados por IA são aplicações de software inteligentes concebidas para simular conversas semelhantes às humanas e executar tarefas de forma autónoma. Estas tecnologias tiram partido da inteligência artificial, do processamento de linguagem natural (PNL) e dos algoritmos de aprendizagem automática para compreender as perguntas dos utilizadores, dar respostas relevantes e executar comandos de forma eficaz. Os chatbots funcionam normalmente através de plataformas de mensagens, sítios Web ou aplicações móveis, enquanto os assistentes virtuais são mais abrangentes, capazes de lidar com uma vasta gama de tarefas e interacções.

Vantagens dos Chatbots e Assistentes Virtuais alimentados por IA

A adoção de chatbots e assistentes virtuais alimentados por IA oferece vários benefícios para as empresas:

Disponibilidade 24/7: Os chatbots e os assistentes virtuais podem prestar apoio 24 horas por dia, respondendo às questões dos clientes e resolvendo problemas mesmo fora do horário normal de expediente, aumentando a satisfação e a fidelização dos clientes.

Eficiência de custos: A automatização das tarefas repetitivas e das interacções com os clientes reduz a necessidade de intervenção humana, o que permite às empresas pouparem significativamente em termos de mão de obra e de despesas operacionais.

Escalabilidade: As soluções baseadas em IA podem lidar com um grande volume de pedidos de informação em simultâneo, permitindo às empresas escalar as suas operações de apoio ao cliente sem aumentar proporcionalmente os níveis de pessoal.

Tempo de resposta melhorado: os chatbots e os assistentes virtuais podem responder instantaneamente às perguntas dos clientes, fornecendo soluções rápidas e reduzindo os tempos de espera, melhorando assim a experiência geral do cliente.

Informações sobre dados: Estas tecnologias recolhem e analisam grandes quantidades de dados das interacções dos utilizadores, fornecendo informações valiosas sobre o comportamento, as preferências e os pontos fracos dos clientes, que as empresas podem aproveitar para melhorar os seus produtos e serviços.

Aplicações em todos os sectores

Os chatbots e assistentes virtuais alimentados por IA encontram aplicações em vários sectores, transformando a forma como as empresas se relacionam com os clientes e gerem os processos internos:

Serviço ao cliente: Nos sectores do retalho e do comércio eletrónico, os chatbots podem ajudar os clientes com questões sobre produtos, acompanhamento de encomendas e devoluções, oferecendo recomendações personalizadas com base no histórico de compras e nas preferências.

Finanças: Os bancos e as instituições financeiras utilizam assistentes virtuais para fornecer informações sobre contas, processar transacções e oferecer aconselhamento financeiro aos clientes, melhorando a acessibilidade e a conveniência.

Cuidados de saúde: Os prestadores de cuidados de saúde utilizam chatbots para marcar consultas, responder a questões médicas e prestar serviços de telemedicina, melhorando o acesso dos doentes aos recursos de cuidados de saúde e reduzindo os encargos administrativos.

Hotelaria: Os hotéis e as agências de viagens utilizam chatbots para facilitar as reservas, fornecer recomendações de viagens e oferecer serviços de concierge, melhorando a experiência do hóspede e simplificando as operações.

Recursos Humanos: Os assistentes virtuais são utilizados nos departamentos de RH para ajudar os funcionários em tarefas administrativas, como a marcação de reuniões, a gestão de pedidos de folga e o acesso às políticas da empresa, libertando os profissionais de RH para se concentrarem em iniciativas estratégicas.

Implicações futuras

À medida que a tecnologia de IA continua a avançar, as capacidades dos chatbots e dos assistentes virtuais continuarão a evoluir, conduzindo a várias implicações futuras:

Personalização melhorada: Os assistentes com IA tornar-se-ão mais hábeis a compreender as preferências individuais e a proporcionar experiências personalizadas adaptadas a cada utilizador, conduzindo a níveis mais elevados de envolvimento e satisfação.

Interfaces multimodais: Os assistentes virtuais incorporarão interfaces multimodais, combinando voz, texto e elementos visuais para proporcionar interacções mais imersivas e intuitivas, tendo em conta as diversas preferências dos utilizadores e as necessidades de acessibilidade.

Integração com dispositivos IoT: Os chatbots e os assistentes virtuais integrar-se-ão perfeitamente com os dispositivos da Internet das Coisas (IoT), permitindo aos utilizadores controlar aparelhos domésticos inteligentes, aceder a informações em tempo real e executar tarefas utilizando comandos de voz.

Capacidades avançadas de IA: Os avanços contínuos na investigação sobre IA dotarão os chatbots e os assistentes virtuais de capacidades mais sofisticadas, incluindo inteligência emocional, compreensão contextual e análise preditiva, permitindo-lhes antecipar proactivamente as necessidades e preferências dos utilizadores.

Tecnologias de IA interactivas que revolucionam as experiências de eventos

Nos últimos anos, o panorama dos eventos sofreu uma transformação significativa, em grande parte alimentada pelos avanços da tecnologia, particularmente da inteligência artificial (IA). Um dos desenvolvimentos mais notáveis neste domínio é o surgimento de tecnologias de IA interactivas, que revolucionaram a forma como os participantes se envolvem e experienciam os eventos. Desde chatbots interactivos a recomendações personalizadas, estas tecnologias estão a remodelar o cenário dos eventos, oferecendo oportunidades inigualáveis de envolvimento, personalização e conhecimentos baseados em dados.

Na vanguarda das tecnologias interactivas de IA para eventos estão os chatbots inteligentes e os assistentes virtuais. Estas interfaces de conversação alimentadas por IA funcionam como guias virtuais, fornecendo aos participantes assistência, informação e apoio em tempo real ao longo da viagem do evento. Ao contrário das aplicações ou sites estáticos tradicionais para eventos, os chatbots oferecem uma experiência dinâmica e interactiva, permitindo que os participantes façam perguntas, procurem recomendações e recebam assistência personalizada adaptada às suas preferências e necessidades.

Um dos principais benefícios dos chatbots interactivos é a sua capacidade de aumentar o envolvimento e a interação dos participantes. Ao fornecer uma interface de comunicação intuitiva e sem falhas, os chatbots incentivam os participantes a participar ativamente na experiência do evento, quer seja fazendo perguntas sobre a agenda, acedendo a informações sobre as sessões ou estabelecendo contactos com outros participantes. Este maior envolvimento não só enriquece a experiência geral do evento, como também facilita interacções e ligações valiosas entre os participantes, promovendo um sentido de comunidade e colaboração.

Além disso, as tecnologias de IA interactivas permitem aos organizadores de eventos recolher informações e dados valiosos em tempo real. Ao analisar as interacções e as conversas com chatbots, os organizadores podem obter informações valiosas sobre as preferências, os interesses e o comportamento dos participantes, permitindo-lhes adaptar a experiência do evento para melhor satisfazer as necessidades e as expectativas do seu público. Desde o acompanhamento de sessões populares até à identificação de áreas a melhorar, estas informações baseadas em dados permitem aos organizadores tomar decisões informadas e otimizar a experiência do evento para obter o máximo impacto.

Para além dos chatbots, outra tecnologia de IA interactiva que está a fazer furor na indústria dos eventos é a tecnologia de reconhecimento facial. Ao utilizar algoritmos avançados de reconhecimento facial, os organizadores de eventos podem aumentar a segurança, simplificar os processos de check-in e personalizar a experiência dos participantes. Por exemplo, a tecnologia de reconhecimento facial pode ser utilizada para agilizar o processo de registo e de check-in, eliminando a necessidade de crachás ou bilhetes físicos e reduzindo os tempos de espera dos participantes.

Além disso, a tecnologia de reconhecimento facial pode permitir experiências personalizadas, identificando os participantes à medida que entram em diferentes áreas do local do evento. Por exemplo, os organizadores de eventos podem utilizar o reconhecimento facial para cumprimentar os participantes pelo nome quando entram numa sala de sessões ou num salão de exposições, proporcionando uma experiência mais personalizada e acolhedora. Além disso, a tecnologia de reconhecimento facial pode ser utilizada para recolher dados demográficos sobre os participantes, como a idade e o sexo, que podem ser valiosos para esforços de marketing e personalização direccionados.

Outra aplicação interessante das tecnologias de IA interactivas em eventos são as experiências de realidade aumentada (RA) e de realidade virtual (RV). Ao misturar os mundos físico e digital, as tecnologias de RA e RV oferecem experiências imersivas e interactivas que cativam e envolvem os participantes. Por exemplo, os organizadores de eventos podem utilizar a RA para sobrepor informações digitais ou elementos interactivos a objectos ou ambientes físicos, permitindo que os participantes explorem e interajam com o conteúdo de formas novas e interessantes.

Do mesmo modo, as tecnologias de RV permitem que os participantes vivam os eventos à distância, mergulhando em ambientes virtuais e participando em actividades e sessões a partir de qualquer parte do mundo. Quer se trate de assistir a um discurso virtual, de explorar uma sala de exposições virtual ou de estabelecer contactos com outros participantes num ambiente virtual, a RV oferece um nível de imersão e interatividade que transcende as experiências de eventos tradicionais.

Além disso, as tecnologias de IA interactivas podem ser utilizadas para facilitar a gamificação e as experiências interactivas nos eventos, promovendo o envolvimento e a participação dos participantes. Ao incorporar elementos de gamificação, como desafios, questionários e recompensas, os organizadores de eventos podem incentivar os participantes a explorar o evento, a interagir com patrocinadores e expositores e a estabelecer contactos com outros participantes.

Esta abordagem gamificada não só torna o evento mais agradável e memorável, como também incentiva os participantes a participarem ativamente e a envolverem-se com o conteúdo e as actividades oferecidas.

Envolver audiências no marketing de causas

O marketing de causas tornou-se uma parte integrante das estratégias de marketing de muitas empresas, permitindo-lhes alinhar a sua marca com causas sociais ou ambientais significativas e, ao mesmo tempo, promover mudanças positivas. No entanto, para que as campanhas de marketing de causas sejam bem sucedidas, é essencial envolver eficazmente o público e inspirá-lo a agir.

Compreender o envolvimento do público no marketing de causas: O envolvimento do público é crucial no marketing de causas porque determina a eficácia da campanha em termos de sensibilização, de ação e, em última análise, de impacto positivo. As audiências envolvidas têm maior probabilidade de apoiar a causa, espalhar a palavra e tornar-se defensoras da mudança. Por conseguinte, é essencial compreender o que motiva as pessoas a envolverem-se em iniciativas de marketing de causas.

Criar narrativas convincentes: Uma das formas mais poderosas de envolver o público no marketing de causas é através da criação de narrativas convincentes que ressoem com as suas emoções e valores. As histórias têm a capacidade de evocar empatia, compaixão e um sentido de ligação, tornando as pessoas mais receptivas à causa. Quer se trate de partilhar anedotas pessoais, destacar exemplos da vida real ou mostrar o impacto da causa, a narração de histórias humaniza a campanha e incentiva o envolvimento do público.

Tirar partido da autenticidade e da transparência: Atualmente, o público valoriza a autenticidade e a transparência das marcas, especialmente quando se trata de marketing de causas. Querem saber que o compromisso da marca para com a causa é genuíno e não apenas uma manobra de marketing. Ao serem transparentes sobre as suas motivações, acções e o impacto dos seus esforços, as marcas podem criar confiança junto do seu público e promover relações significativas baseadas em valores partilhados.

Incentivar a participação e a ação: Envolver o público no marketing de causas vai além da sensibilização; envolve também encorajá-lo a tomar medidas significativas. Quer se trate de fazer um donativo, de oferecer o seu tempo ou de espalhar a palavra nas redes sociais, dar às pessoas formas tangíveis de se envolverem permite-lhes fazer a diferença e sentir que fazem parte de algo maior do que elas próprias.

Estratégias para envolver o público no marketing de causas: Agora que já estabelecemos a importância do envolvimento do público no marketing de causas, vamos explorar algumas estratégias eficazes para envolver o público e promover a ação.

Utilizar as plataformas de redes sociais: As plataformas de redes sociais oferecem um meio poderoso para envolver o público no marketing de causas. As marcas podem tirar partido destas plataformas para partilhar histórias interessantes, suscitar conversas e mobilizar apoio para a causa. Ao criar conteúdo envolvente, utilizar hashtags e incentivar o conteúdo gerado pelo utilizador, as marcas podem alcançar um público mais vasto e promover um sentido de comunidade em torno da causa.

Parcerias com influenciadores e defensores: Os influenciadores e os defensores podem ser aliados valiosos nas campanhas de marketing de causas, uma vez que têm a capacidade de alcançar e influenciar os seus seguidores. Ao estabelecerem parcerias com influenciadores apaixonados pela causa, as marcas podem amplificar a sua mensagem e envolver o público de uma forma mais autêntica e relacionável. Os influenciadores podem partilhar as suas experiências pessoais, apoiar a causa e incentivar os seus seguidores a agir, alargando assim o alcance da campanha.

Criar experiências interactivas: As experiências interactivas são uma excelente forma de envolver o público no marketing de causas, permitindo-lhes participar ativamente e envolverem-se na campanha. Quer seja através de sítios Web interactivos, eventos imersivos ou experiências gamificadas, proporcionar às audiências oportunidades de se envolverem de forma significativa torna a campanha mais memorável e impactante. As experiências interactivas podem incluir questionários, desafios, sondagens e outros elementos interactivos que incentivam a participação e promovem um sentimento de ligação à causa.

Oferecer incentivos e recompensas: A oferta de incentivos e recompensas pode motivar o público a envolver-se em campanhas de marketing de causas e a agir. Quer se trate de oferecer descontos, mercadoria exclusiva ou reconhecimento pelas suas contribuições, os incentivos podem encorajar a participação e fazer com que as pessoas se sintam apreciadas pelo seu apoio. Ao recompensar o envolvimento, as marcas podem encorajar o envolvimento contínuo e a lealdade do seu público.

Medir o envolvimento e as métricas de interação no marketing de eventos e causas

As métricas de envolvimento e interação desempenham um papel fundamental na avaliação do sucesso dos esforços de marketing, especialmente nos domínios do marketing de eventos e de causas. Com o aumento das plataformas digitais e a crescente ênfase em experiências personalizadas, compreender como o público se envolve e interage com as campanhas de marketing tornou-se mais crucial do que nunca.

Compreender as métricas de envolvimento e interação

As métricas de envolvimento referem-se às medidas quantificáveis do grau de envolvimento ativo e interesse de uma audiência numa determinada campanha ou iniciativa de marketing. Estas métricas fornecem informações sobre o nível de interação, participação e ligação emocional que o público tem com o conteúdo ou evento. As métricas de interação, por outro lado, centram-se nas acções realizadas pelos indivíduos em resposta aos esforços de marketing, tais como cliques, partilhas, comentários e conversões.

Principais métricas de envolvimento e interação

Envolvimento nas redes sociais: As plataformas de redes sociais são canais vitais para interagir com o público e promover conversas sobre eventos e campanhas de marketing de causas. Métricas como gostos, comentários, partilhas e menções indicam o nível de interesse e interação gerado pelas publicações nas redes sociais. Além disso, o acompanhamento do crescimento e do alcance dos seguidores pode fornecer informações sobre a expansão do alcance do público das iniciativas de marketing.

Tráfego e envolvimento com o site: A monitorização das métricas de tráfego do sítio Web, incluindo visualizações de páginas, visitantes únicos, duração da sessão e taxa de rejeição, oferece informações valiosas sobre o comportamento e os interesses do público. A análise de métricas de envolvimento específicas de páginas de destino relacionadas com eventos ou causas, como inscrições, transferências e registos, ajuda a avaliar a eficácia dos esforços de marketing online na promoção de conversões e envolvimento.

Métricas de marketing por correio eletrónico: O correio eletrónico continua a ser uma ferramenta poderosa para cultivar relações com públicos e promover eventos ou campanhas de causas. As métricas como as taxas de abertura, as taxas de cliques (CTR) e as taxas de conversão fornecem informações sobre a eficácia do conteúdo e das mensagens de correio eletrónico na promoção do envolvimento e da ação do público.

Métricas de participação em eventos: Para as iniciativas de marketing de eventos, o acompanhamento dos números de participação, a venda de bilhetes, as inscrições em sessões e as taxas de participação em sessões são métricas de envolvimento essenciais. Os inquéritos pós-evento e os formulários de feedback também podem captar os níveis de satisfação e os sentimentos dos participantes, ajudando os organizadores a avaliar o sucesso global do evento e a identificar as áreas a melhorar.

Métricas de impacto do marketing de causas: Nas campanhas de marketing de causas, medir o impacto e a eficácia das iniciativas envolve frequentemente a avaliação de métricas como donativos, inscrições de voluntários, assinaturas de petições e partilhas nas redes sociais utilizando hashtags específicas da campanha. Estas métricas reflectem o nível de apoio, defesa e ação gerado pelos esforços de marketing relacionados com a causa.

Estratégias para medir e otimizar as métricas de envolvimento

Definir objectivos e KPIs claros: Defina metas específicas e indicadores-chave de desempenho (KPIs) alinhados com os objectivos gerais da campanha de marketing ou do evento. Quer se trate de aumentar a notoriedade da marca, de impulsionar a venda de bilhetes ou de angariar fundos para uma causa, o estabelecimento de objectivos mensuráveis garante que as métricas de envolvimento estão associadas a resultados significativos.

Utilizar ferramentas de análise: Utilize ferramentas e plataformas de análise, como o Google Analytics, insights de redes sociais e software de marketing por correio eletrónico, para acompanhar e analisar as métricas de envolvimento em vários canais. Estas ferramentas oferecem uma visualização de dados abrangente, capacidades de segmentação e funcionalidades de relatórios em tempo real, permitindo aos profissionais de marketing obter informações accionáveis e tomar decisões baseadas em dados.

Implementar testes A/B: Experimente diferentes mensagens, imagens e chamadas para ação (CTAs) através de testes A/B para identificar quais as variações mais eficazes para o público-alvo. Ao comparar as métricas de envolvimento entre as diferentes versões do conteúdo de marketing, os profissionais de marketing podem otimizar o desempenho da campanha e maximizar o envolvimento do público.

Monitorizar tendências e padrões: Monitorizar continuamente as tendências e padrões de envolvimento ao longo do tempo para identificar oportunidades emergentes e áreas de melhoria. Analise as flutuações sazonais, os dados demográficos do público e as métricas de desempenho do conteúdo para aperfeiçoar as estratégias de segmentação e adaptar as tácticas de marketing em conformidade.

Interagir com o público: Promova a comunicação bidirecional e o envolvimento com o público através da participação ativa em conversas nas redes sociais, respondendo prontamente a comentários e perguntas e solicitando feedback e sugestões. A criação de ligações e relações genuínas com os públicos aumenta a fidelidade à marca e incentiva o envolvimento contínuo com as iniciativas de marketing.

Ashwani Kumar

Escola de Engenharia e Tecnologia

K. R. Mangalam University, Gurugram, Haryana, Índia

Vijay Singh

Escola de Engenharia e Tecnologia Amity

Universidade de Amity, Noida, UP, Índia

CAPÍTULO 9
Medir e otimizar o ROI do marketing

Introdução

Medir e otimizar o retorno do investimento (ROI) de marketing é crucial para as empresas avaliarem a eficácia dos seus esforços de marketing e atribuírem recursos de forma sensata. Na atual era digital, em que os dados são abundantes e a tecnologia está a avançar rapidamente, tirar partido da análise de dados e da inteligência artificial (IA) tornou-se essencial para maximizar o ROI do marketing.

Compreender o ROI de marketing: O ROI de marketing é uma métrica utilizada para avaliar a rentabilidade das campanhas de marketing, comparando as receitas geradas com o custo da campanha. Fornece informações sobre as actividades de marketing que estão a gerar receitas e as que não estão a produzir os resultados desejados. O cálculo do ROI envolve a análise de vários factores, incluindo as receitas das vendas, as despesas de marketing, os custos de aquisição de clientes e o valor do tempo de vida do cliente.

Medição do ROI do marketing: Existem vários métodos para medir o ROI do marketing, cada um com os seus próprios pontos fortes e limitações. Uma abordagem comum é o método das vendas incrementais, que compara as vendas antes e depois de uma campanha de marketing para determinar o seu impacto. Outro método é o método do valor do tempo de vida do cliente, que calcula o valor a longo prazo dos clientes adquiridos. Além disso, a modelação da atribuição permite aos profissionais de marketing atribuir as vendas a pontos de contacto de marketing específicos ao longo do percurso do cliente.

Otimizar o ROI do marketing: Uma vez medido o ROI do marketing, o passo seguinte é optimizá-lo, identificando as áreas que podem ser melhoradas e implementando estratégias para aumentar o desempenho. Isto pode implicar a reafectação do orçamento para os canais de marketing mais eficazes, o aperfeiçoamento da segmentação e das mensagens para melhor se relacionarem com o público-alvo e a otimização dos funis de conversão para aumentar as taxas de conversão. O teste e a experimentação contínuos são essenciais para aperfeiçoar as estratégias de marketing e maximizar o ROI ao longo do tempo.

Tirar partido da análise de dados: A análise de dados desempenha um papel crucial na medição e otimização do ROI do marketing. Ao analisar dados de várias fontes, incluindo transacções de vendas, tráfego do sítio Web e interacções com os clientes, os profissionais de marketing podem obter informações valiosas sobre o comportamento e as preferências dos clientes. As técnicas de análise avançadas, como a modelação preditiva e a aprendizagem automática, podem revelar padrões e tendências nos dados que podem não ser evidentes através dos métodos de análise tradicionais.

Análise de marketing com base em IA: A IA revolucionou a análise de marketing ao permitir que os profissionais de marketing processem e analisem grandes volumes de dados com rapidez e precisão. As ferramentas baseadas em IA podem automatizar a recolha, segmentação e análise de dados, permitindo que os profissionais de marketing obtenham informações em tempo real e tomem decisões baseadas em dados mais rapidamente. Os algoritmos de aprendizagem automática podem identificar padrões e correlações nos dados, prever o comportamento dos clientes e otimizar as campanhas de marketing para obter o máximo ROI.

IA para personalização e segmentação: Uma área onde a IA se destaca é na personalização dos esforços de marketing para clientes individuais. Ao analisar dados sobre as preferências do cliente, comportamento de navegação e histórico de compras, os algoritmos de IA podem fornecer recomendações personalizadas e ofertas direcionadas que têm maior probabilidade de ressoar com cada cliente. Esta abordagem personalizada pode melhorar significativamente as taxas de conversão e o ROI, fornecendo conteúdo relevante ao público certo no momento certo.

IA para automatização do marketing: Outra forma de a IA otimizar o ROI do marketing é através da automatização. As plataformas de automação de marketing alimentadas por IA podem simplificar tarefas repetitivas, como marketing por e-mail, gerenciamento de mídia social e otimização de campanha, liberando os profissionais de marketing para se concentrarem em tarefas estratégicas e criativas. A automação também pode melhorar a eficiência e a escalabilidade, permitindo que os profissionais de marketing alcancem um público maior com menos esforço manual.

Várias empresas aproveitaram com sucesso a IA para medir e otimizar o seu ROI de marketing. Por exemplo, o gigante do comércio eletrónico Amazon utiliza algoritmos de IA para analisar os dados dos clientes e fazer recomendações personalizadas de produtos, o que resulta em taxas de conversão mais elevadas e no aumento das vendas. Do mesmo modo, o serviço de streaming online Netflix utiliza a IA para analisar as preferências dos espectadores e recomendar conteúdos, o que leva a um maior envolvimento e retenção dos utilizadores.

Tirar partido da IA para o acompanhamento do desempenho em tempo real no marketing

No panorama dinâmico do marketing, manter-se à frente da curva exige frequentemente informações em tempo real e dados accionáveis. Este imperativo levou à integração da inteligência artificial (IA) nas estratégias de marketing, particularmente no domínio do controlo do desempenho. A IA oferece capacidades inigualáveis para processar rapidamente grandes quantidades de dados, obter informações significativas e permitir que os profissionais de marketing tomem decisões informadas rapidamente

Compreender o acompanhamento do desempenho em tempo real: O acompanhamento do desempenho em tempo real envolve a monitorização e análise contínuas de métricas e indicadores chave para avaliar a eficácia das iniciativas de marketing à medida que estas se desenvolvem. Tradicionalmente, os profissionais de marketing baseavam-se em relatórios periódicos e análises manuais, que muitas vezes ficavam aquém dos desenvolvimentos actuais e impediam a tomada de decisões ágeis. Com o acompanhamento em tempo real alimentado por IA, os profissionais de marketing obtêm acesso a informações de dados actualizadas ao minuto, permitindo-lhes adaptar estratégias em tempo real, capitalizar oportunidades emergentes e mitigar riscos potenciais prontamente.

Análise com base em IA para obter informações em tempo real: Uma das principais aplicações da IA no controlo do desempenho em tempo real é através de técnicas de análise avançadas, como a aprendizagem automática e a modelação preditiva. Os algoritmos de aprendizagem automática podem analisar vastos conjuntos de dados em tempo real, identificando padrões, tendências e anomalias que os analistas humanos poderiam ignorar. Estes algoritmos podem detetar alterações no comportamento do consumidor, no desempenho da campanha e na dinâmica do mercado, permitindo que os profissionais de marketing ajustem as suas estratégias em tempo real para obterem os melhores resultados.

A modelação preditiva, outra capacidade alimentada por IA, permite aos profissionais de marketing prever tendências e resultados futuros com base nos dados actuais. Ao aproveitar dados históricos e entradas em tempo real, os modelos preditivos podem antecipar mudanças nas preferências dos consumidores, condições de mercado e cenários competitivos. Esta previsão permite que os profissionais de marketing ajustem proactivamente as suas campanhas, atribuam recursos de forma eficaz e se mantenham à frente da curva num ambiente de mercado em rápida evolução.

Personalização e segmentação em escala: O acompanhamento do desempenho em tempo real orientado por IA também facilita as iniciativas de marketing personalizado em escala. Ao analisar as interacções, preferências e comportamentos dos clientes em tempo real, os algoritmos de IA podem ajustar dinamicamente o conteúdo, as mensagens e as ofertas de acordo com as preferências e necessidades individuais. Este nível de personalização aumenta o envolvimento do cliente, a lealdade e as taxas de conversão, gerando resultados comerciais tangíveis para os profissionais de marketing.

Além disso, a IA permite uma segmentação e direcionamento precisos com base em informações em tempo real sobre a demografia, os interesses e as intenções do público. Os profissionais de marketing podem identificar segmentos de alto valor, adaptar as suas mensagens em conformidade e fornecer campanhas direccionadas que ressoam com segmentos de público específicos. Esta segmentação granular garante que os recursos de marketing são atribuídos de forma eficiente, maximizando o ROI e minimizando o desperdício.

Otimização do desempenho da campanha em tempo real: Uma das vantagens mais significativas do acompanhamento do desempenho em tempo real com base em IA é a sua capacidade de otimizar o desempenho da campanha em tempo real. Ao monitorizar continuamente as principais métricas, tais como as taxas de cliques, as taxas de conversão e o retorno do investimento em publicidade (ROAS), os algoritmos de IA podem identificar elementos de baixo desempenho de uma campanha e sugerir optimizações imediatas.

Por exemplo, se uma determinada variante de anúncio não estiver a ter impacto no público-alvo, os algoritmos de IA podem recomendar ajustes nas mensagens, imagens ou parâmetros de segmentação em tempo real para melhorar o desempenho. Do mesmo modo, se uma palavra-chave específica estiver a gerar custos de clique elevados sem produzir conversões, a IA pode sugerir ajustes de licitação ou refinamentos de palavras-chave para otimizar os gastos com anúncios e maximizar o ROI.

Melhoria contínua e aprendizagem iterativa: O acompanhamento do desempenho em tempo real com recurso à IA facilita uma cultura de melhoria contínua e de aprendizagem iterativa nas organizações de marketing. Ao fornecer feedback instantâneo sobre o desempenho da campanha e as interacções dos consumidores, a IA permite aos profissionais de marketing experimentar, aprender e aperfeiçoar as suas estratégias em tempo real.

Além disso, os algoritmos de IA podem aprender com o desempenho de campanhas anteriores e adaptar as estratégias de forma dinâmica com base na evolução das condições de mercado e das preferências dos consumidores. Este processo de aprendizagem iterativo garante que as iniciativas de marketing são continuamente optimizadas para obter o máximo impacto, impulsionando o crescimento e a rentabilidade a longo prazo.

Desafios e considerações: Embora a IA ofereça um imenso potencial para o acompanhamento do desempenho em tempo real no marketing, há vários desafios e considerações a ter em conta. Estes incluem preocupações relativas à privacidade e segurança dos dados, preconceitos algorítmicos e a necessidade de infra-estruturas e talentos robustos para aproveitar todo o potencial das tecnologias de IA.

Além disso, os profissionais de marketing devem garantir a transparência e a responsabilização nos processos de tomada de decisão baseados em IA, evitando soluções de caixa negra que ocultam a lógica subjacente às recomendações algorítmicas. Ao abordar estes desafios de forma proactiva, os profissionais de marketing podem tirar partido da IA para acompanhar o desempenho em tempo real de forma responsável e ética, impulsionando o crescimento sustentável do negócio.

Analisar o ROI de campanhas de marketing de eventos e causas

Analisar o retorno sobre o investimento (ROI) das campanhas de marketing de eventos e causas é essencial para compreender a eficácia e o impacto destas iniciativas. Ao avaliar o ROI, as organizações podem determinar se os seus esforços de marketing estão a gerar benefícios tangíveis e a contribuir para os seus objectivos gerais.

Para começar, a análise do ROI envolve a comparação dos ganhos ou benefícios financeiros gerados por uma campanha de marketing com os custos incorridos para a sua execução. No caso do marketing de eventos e de causas, a avaliação do ROI pode ser multifacetada devido aos diversos objectivos e resultados associados a estas campanhas. Por conseguinte, é crucial identificar métricas e medidas relevantes adaptadas aos objectivos específicos de cada iniciativa.

Uma das principais métricas utilizadas na análise do ROI é a receita gerada diretamente pela campanha de marketing. No caso dos eventos, tal pode incluir a venda de bilhetes, a compra de mercadorias ou os donativos recolhidos durante o evento. Do mesmo modo, nas campanhas de marketing de causas, as receitas podem ser atribuídas às vendas de produtos ou às contribuições efectuadas em apoio da causa. Ao monitorizar as receitas, as organizações podem avaliar o impacto financeiro imediato dos seus esforços.

No entanto, a análise do ROI não deve limitar-se apenas às receitas. É igualmente importante considerar outros indicadores-chave de desempenho (KPI) que reflectem o impacto mais amplo da campanha de marketing. No caso dos eventos, os KPI podem incluir o número de participantes, os níveis de envolvimento do público, as impressões nas redes sociais ou a cobertura mediática. No marketing de causas, os KPIs podem abranger o conhecimento da marca, as partilhas nas redes sociais, o tráfego do sítio Web ou as alterações na perceção e no comportamento do consumidor.

Para medir com precisão o ROI, as organizações precisam de estabelecer objectivos claros e definir critérios de sucesso para as suas campanhas de marketing de eventos e causas. Estes objectivos podem variar muito, dependendo da natureza da iniciativa, quer se destine a angariar fundos, a aumentar a visibilidade da marca, a promover mudanças sociais ou a fomentar o envolvimento da comunidade. Ao alinhar as métricas com objectivos específicos, as organizações podem garantir que a sua análise do ROI fornece informações significativas sobre a eficácia dos seus esforços de marketing.

Para além dos dados quantitativos, o feedback e os conhecimentos qualitativos também são valiosos para a análise do ROI. Inquéritos, entrevistas e feedback dos participantes podem oferecer perspectivas valiosas sobre o impacto e o valor percebidos da campanha de marketing. Estes dados qualitativos podem complementar as métricas quantitativas, proporcionando uma compreensão mais holística do sucesso da campanha e das áreas a melhorar.

Ao efetuar uma análise do ROI para campanhas de marketing de eventos e de causas, é essencial considerar todo o espetro de custos associados à iniciativa. Para além das despesas directas, como o aluguer do local, a publicidade e os materiais promocionais, as organizações devem ter em conta os custos indirectos, como o tempo do pessoal, as horas de voluntariado e as despesas administrativas gerais. Ao contabilizar todos os custos, as organizações podem calcular um ROI mais exato e tomar decisões informadas sobre a atribuição de recursos e investimentos futuros.

Além disso, a análise do ROI deve ser efectuada em várias fases da campanha de marketing e não apenas no final. Ao acompanhar as métricas de desempenho e os indicadores de ROI em tempo real ou em intervalos regulares ao longo da campanha, as organizações podem identificar tendências, oportunidades e desafios numa fase inicial. Esta abordagem proactiva permite correcções de curso e estratégias de otimização para maximizar o impacto e o ROI da campanha.

No contexto do marketing de causas, a avaliação do impacto social e ambiental da campanha é tão importante como o retorno financeiro. As organizações devem considerar a forma como os seus esforços de marketing contribuem para uma mudança positiva, quer se trate de aumentar a consciencialização sobre uma questão importante, mobilizar apoio para uma causa ou impulsionar uma mudança de comportamento sustentável. Ao medir e comunicar estes impactos mais alargados, as organizações podem demonstrar o seu compromisso com a responsabilidade social e criar confiança e credibilidade junto das partes interessadas.

Estratégias para a melhoria contínua do marketing de eventos e causas

A melhoria contínua é a pedra angular do sucesso no marketing de eventos e de causas. No panorama dinâmico atual, em que os comportamentos dos consumidores evoluem rapidamente e as questões sociais ganham cada vez mais atenção, as organizações têm de aperfeiçoar continuamente as suas estratégias para se manterem relevantes e com impacto. Esta secção explora várias estratégias para alcançar a melhoria contínua no marketing de eventos e de causas, tirando partido das capacidades da inteligência artificial (IA) e adoptando uma cultura de inovação.

Tomada de decisões com base em dados: Os dados servem de base para estratégias de marketing eficazes. Ao aproveitar o poder da análise orientada para a IA, as organizações podem obter informações mais profundas sobre as preferências do público, os padrões de envolvimento e o desempenho da campanha. A melhoria contínua começa com a recolha de dados relevantes de várias fontes, incluindo as redes sociais, o tráfego do sítio Web e o feedback dos participantes. Em seguida, os algoritmos de IA analisam estes dados para identificar tendências, oportunidades e áreas de otimização. Através da experimentação iterativa e do refinamento com base em informações orientadas por dados, os profissionais de marketing podem aumentar a eficácia das suas iniciativas de marketing de eventos e causas ao longo do tempo.

Personalização e segmentação: A personalização é um fator chave de envolvimento e conversão em campanhas de marketing. A IA permite que os profissionais de marketing criem experiências altamente personalizadas para os participantes de eventos e apoiantes de causas com base nos seus dados demográficos, interesses e interacções anteriores. Ao tirar partido dos motores de recomendação alimentados por IA e da análise preditiva, as organizações podem fornecer conteúdos, promoções e convites direccionados que se adequam às preferências individuais. A melhoria contínua da personalização envolve testar diferentes abordagens de mensagens, refinar os critérios de segmentação do público e otimizar os funis de conversão com base em feedback em tempo real e dados de desempenho.

Gestão ágil de campanhas: No ambiente digital acelerado dos dias de hoje, a agilidade é essencial para se manter reativo à dinâmica do mercado e às necessidades do público. As metodologias ágeis, emprestadas das práticas de desenvolvimento de software, enfatizam o planeamento, a execução e a adaptação iterativos. As ferramentas de IA, como os chatbots, as plataformas automatizadas de marketing por e-mail e os painéis de monitorização das redes sociais, permitem aos profissionais de marketing executar campanhas com maior rapidez e flexibilidade. Ao adotar uma abordagem ágil para o gerenciamento de campanhas, as organizações podem testar rapidamente novas ideias, estratégias de pivô com base em tendências emergentes e iterar continuamente em suas iniciativas de marketing para obter melhores resultados.

Feedback e medição: Os ciclos de feedback são essenciais para avaliar a eficácia dos esforços de marketing e identificar áreas a melhorar. As ferramentas de análise de sentimentos baseadas em IA podem analisar automaticamente o feedback dos clientes, as menções nas redes sociais e as críticas online para obter informações sobre as percepções do público e as tendências de sentimentos. As organizações também podem utilizar plataformas de inquérito baseadas em IA para recolher feedback estruturado dos participantes em eventos e apoiantes de causas. Ao recolher e analisar sistematicamente os dados de feedback, os profissionais de marketing podem identificar os pontos fortes, os pontos fracos e as oportunidades de otimização, impulsionando a melhoria contínua das suas estratégias de marketing.

Aprendizagem colaborativa e partilha de conhecimentos: A melhoria contínua prospera em ambientes que promovem a colaboração, a aprendizagem e a partilha de conhecimentos. Os profissionais de marketing podem tirar partido de ferramentas de colaboração baseadas em IA, como plataformas de gestão de projectos e espaços de trabalho virtuais, para facilitar a comunicação e a troca de informações entre os membros da equipa. A colaboração multifuncional permite que os profissionais de marketing recorram a diversas perspectivas e conhecimentos, acelerando a inovação e a resolução de problemas. Além disso, as organizações podem investir em programas de formação e desenvolvimento contínuos para desenvolver as competências dos funcionários em tecnologias de IA e melhores práticas de marketing, capacitando-os para impulsionar a melhoria contínua em iniciativas de marketing de eventos e causas.

Experimentação e inovação: A experimentação é essencial para descobrir novos insights, testar hipóteses e descobrir abordagens inovadoras para os desafios de marketing. A IA permite que os profissionais de marketing realizem testes A/B, experiências multivariadas e optimizações orientadas para a aprendizagem automática em escala. Ao experimentar sistematicamente diferentes mensagens, canais e variáveis de campanha, as organizações podem identificar estratégias de elevado desempenho e aperfeiçoar as suas tácticas de marketing em conformidade. Além disso, a promoção de uma cultura de inovação incentiva os membros da equipa a gerar e partilhar ideias criativas, impulsionando a melhoria contínua através da experimentação e da aprendizagem contínuas.

Benchmarking e análise da concorrência: O benchmarking em relação aos pares e concorrentes do sector fornece informações valiosas sobre as tendências do mercado, as melhores práticas e as áreas de oportunidade. As ferramentas de inteligência competitiva alimentadas por IA podem analisar as estratégias dos concorrentes, a pegada digital e as métricas de desempenho para descobrir insights accionáveis para melhoria. Ao comparar o seu próprio desempenho com as referências do sector e os concorrentes, as organizações podem identificar áreas de força e fraqueza, definir objectivos realistas e dar prioridade a iniciativas de melhoria. A monitorização e a análise contínuas do cenário competitivo permitem que os profissionais de marketing se mantenham à frente da curva e impulsionem a otimização contínua dos seus esforços de marketing de eventos e causas.

CAPÍTULO 10
O futuro da IA no marketing de eventos e causas

Ashwani Kumar

Escola de Engenharia e Tecnologia

K. R. Mangalam University, Gurugram, Haryana, Índia

Deepak Singh

Departamento de Engenharia e Tecnologia

ABES(IT), Ghaziabad, Uttar Pradesh, Índia

Introdução

A Inteligência Artificial (IA) transformou rapidamente o panorama do marketing, revolucionando a forma como as empresas se ligam aos consumidores, optimizam as campanhas e impulsionam o crescimento. À medida que a tecnologia continua a evoluir, estão a surgir novas tendências de IA, remodelando o sector do marketing e abrindo oportunidades sem precedentes de inovação e eficiência.

Informações sobre os clientes com base em IA

Uma das tendências de maior impacto no marketing é a utilização da IA para obter conhecimentos mais profundos sobre o comportamento e as preferências dos clientes. Com as ferramentas de análise alimentadas por IA, as empresas podem analisar grandes quantidades de dados para descobrir informações valiosas sobre o seu público-alvo. Estas informações permitem aos profissionais de marketing criar campanhas mais personalizadas e direccionadas, melhorando o envolvimento e impulsionando as conversões.

Os algoritmos de IA podem identificar padrões e tendências nos dados dos consumidores que os analistas humanos poderiam ignorar, proporcionando uma compreensão abrangente do comportamento dos clientes. Ao tirar partido da IA para obter informações sobre os clientes, as empresas podem antecipar as necessidades, adaptar as mensagens e fornecer conteúdos mais relevantes ao seu público, melhorando, em última análise, a experiência global do cliente.

Hiperpersonalização

A personalização é, desde há muito, uma pedra angular das estratégias de marketing eficazes, mas a IA está a levar a personalização a novos patamares. Com algoritmos avançados de aprendizagem automática, os profissionais de marketing podem criar experiências altamente personalizadas para consumidores individuais, entregando a mensagem certa à pessoa certa no momento certo.

A IA permite a hiperpersonalização, analisando os dados dos clientes em tempo real e ajustando dinamicamente o conteúdo com base no comportamento, nas preferências e nas interacções anteriores do utilizador. Este nível de personalização ajuda as marcas a destacarem-se num mercado concorrido, promovendo ligações mais fortes com os consumidores e impulsionando a lealdade e a defesa.

IA de conversação

A IA de conversação, incluindo chatbots e assistentes virtuais, está a revolucionar a forma como as empresas interagem com os clientes. Estas ferramentas baseadas em IA podem interagir com os consumidores em conversas de linguagem natural, fornecendo suporte instantâneo, respondendo a perguntas e orientando os utilizadores através do percurso do comprador.

Os chatbots, em particular, estão a tornar-se cada vez mais sofisticados, graças aos avanços no processamento de linguagem natural (PNL) e na aprendizagem automática. Podem lidar com uma vasta gama de questões, desde recomendações de produtos a problemas de serviço ao cliente, e fornecer assistência personalizada 24 horas por dia. Ao integrar a IA conversacional nas suas estratégias de marketing, as empresas podem melhorar o serviço ao cliente, otimizar as operações e impulsionar as vendas.

Conteúdo gerado por IA

A criação de conteúdos é uma tarefa que consome muito tempo aos profissionais de marketing, mas a IA está a torná-la mais fácil e eficiente. As ferramentas de conteúdo geradas por IA utilizam algoritmos de geração de linguagem natural (NLG) para criar conteúdo escrito, como artigos, publicações em blogues e descrições de produtos, numa fração do tempo que seria necessário a um escritor humano.

Estas plataformas de conteúdos gerados por IA podem produzir conteúdos de elevada qualidade, contextualmente relevantes, que se repercutem nos públicos-alvo. Os profissionais de marketing podem utilizar os conteúdos gerados por IA para aumentar os seus esforços de marketing de conteúdos, alcançar novos públicos e manter um calendário de publicação consistente. Embora a criatividade humana e a supervisão editorial continuem a ser essenciais, a geração de conteúdos com base em IA pode aumentar significativamente a estratégia de conteúdos de uma marca.

Análise preditiva

A análise preditiva é outra área em que a IA está a impulsionar avanços significativos no marketing. Ao analisar dados históricos e identificar padrões, os algoritmos de IA podem prever tendências, comportamentos e resultados futuros com uma precisão notável. Isto permite aos profissionais de marketing antecipar mudanças no mercado, identificar potenciais oportunidades e riscos e tomar decisões baseadas em dados para otimizar as suas estratégias.

A análise preditiva pode informar vários aspectos do marketing, incluindo a pontuação de leads, a segmentação de clientes e a otimização de campanhas. Ao tirar partido da IA para a análise preditiva, as empresas podem manter-se à frente da concorrência, adaptar-se às condições de mercado em mudança e maximizar o retorno do investimento (ROI) dos seus esforços de marketing.

Publicidade com recurso a IA

A publicidade está a sofrer uma transformação graças às tecnologias baseadas em IA que permitem uma segmentação mais precisa, uma otimização dinâmica dos criativos e licitações em tempo real. Os algoritmos de IA analisam grandes quantidades de dados para identificar as audiências mais relevantes para os anúncios, otimizar os anúncios criativos para obter o máximo impacto e atribuir eficientemente os gastos com anúncios em todos os canais e plataformas.

As plataformas de publicidade programática, alimentadas por IA, automatizam o processo de compra e venda de inventário de anúncios, permitindo que os profissionais de marketing atinjam o seu público-alvo em grande escala com o mínimo de intervenção manual. A publicidade com recurso à IA não só melhora a segmentação e a eficiência, como também aumenta a eficácia global das campanhas publicitárias, conduzindo a taxas de envolvimento e conversão mais elevadas.

Realidade Aumentada (AR) e Realidade Virtual (VR)

As tecnologias AR e VR estão a ser cada vez mais integradas em campanhas de marketing para criar experiências de marca imersivas e envolver os consumidores de formas novas e inovadoras. A IA desempenha um papel crucial na potenciação destas experiências imersivas, permitindo o reconhecimento de objectos em tempo real, o mapeamento espacial e a entrega de conteúdos personalizados.

Com a RA e a RV, os profissionais de marketing podem transportar os consumidores para ambientes virtuais onde podem interagir com produtos, explorar histórias de marcas e participar em experiências interactivas. Estas experiências imersivas deixam uma impressão duradoura nos consumidores, promovendo o conhecimento da marca, o envolvimento e a fidelidade. À medida que as tecnologias de RA e RV continuam a evoluir, podemos esperar ver aplicações ainda mais inovadoras no marketing.

Preparar-se para inovações de marketing baseadas em IA

No cenário em rápida evolução do marketing, a inteligência artificial (IA) destaca-se como uma força transformadora, remodelando a forma como as empresas compreendem, se envolvem e satisfazem os seus clientes. À medida que as tecnologias de IA continuam a avançar, os profissionais de marketing devem adaptar-se e preparar-se para tirar partido destas inovações de forma eficaz.

Compreender o papel da IA no marketing

Antes de nos debruçarmos sobre os preparativos para as inovações de marketing orientadas para a IA, é crucial compreender o papel da IA no ecossistema de marketing. A IA engloba uma vasta gama de tecnologias que permitem às máquinas realizar tarefas que tradicionalmente requerem inteligência humana, como aprender com os dados, reconhecer padrões e fazer previsões. No marketing, a IA permite uma análise de dados melhorada, experiências de cliente personalizadas, tomada de decisões automatizada e publicidade direccionada.

Uma das principais vantagens da IA no marketing é a sua capacidade de processar e analisar grandes quantidades de dados de forma rápida e eficiente. Ao aproveitar as ferramentas analíticas alimentadas por IA, os profissionais de marketing podem obter informações mais profundas sobre o comportamento, as preferências e as tendências dos clientes, permitindo uma tomada de decisões mais informada e estratégias de marketing direccionadas.

Preparar a integração da IA

À medida que as empresas se preparam para integrar a IA nos seus esforços de marketing, vários passos fundamentais podem ajudar a garantir uma transição suave e a maximizar os benefícios das inovações impulsionadas pela IA.

Investir em infra-estruturas de dados: A IA depende fortemente dos dados, pelo que é essencial investir em infra-estruturas e sistemas de dados robustos para recolher, armazenar e gerir os dados de forma eficaz. Isto inclui a implementação de políticas de governação de dados, a garantia da qualidade e integridade dos dados e a utilização de plataformas analíticas avançadas capazes de lidar com grandes conjuntos de dados.

Desenvolver talentos de IA: Criar uma equipa com as competências e conhecimentos necessários em IA é fundamental para uma implementação bem sucedida. Isto pode envolver a contratação de cientistas de dados, engenheiros de IA e especialistas em aprendizagem automática ou a melhoria das competências dos funcionários existentes através de programas de formação e workshops. Ao cultivar o talento da IA dentro da organização, as empresas podem impulsionar a inovação e manter-se competitivas no panorama do marketing orientado para a IA.

Abraçar a experimentação e a iteração: A IA ainda é uma tecnologia relativamente incipiente no domínio do marketing e as suas potenciais aplicações continuam a evoluir rapidamente. Para se manterem à frente da curva, os profissionais de marketing devem adotar uma cultura de experimentação e iteração, testando e refinando continuamente as estratégias e técnicas orientadas para a IA. Isto pode envolver a execução de testes A/B, a realização de programas-piloto e a procura de feedback dos clientes e das partes interessadas para identificar áreas de melhoria e otimização.

Priorizar o uso ético e responsável da IA: À medida que a IA se torna mais difundida no marketing, é essencial priorizar o uso ético e responsável da IA. Isso inclui garantir a transparência e a responsabilidade nos algoritmos de IA e nos processos de tomada de decisão, salvaguardando a privacidade do consumidor e a proteção de dados e mitigando os riscos de preconceito e discriminação algorítmica. Ao aderir a princípios e padrões éticos de IA, as empresas podem construir confiança com seus clientes e partes interessadas e mitigar potenciais riscos de reputação e regulatórios.

Promover a colaboração entre departamentos: As iniciativas de marketing orientadas para a IA requerem frequentemente a colaboração entre vários departamentos, incluindo marketing, TI, vendas e serviço ao cliente. Para facilitar uma colaboração eficaz, as empresas devem acabar com os silos e incentivar o trabalho em equipa multifuncional, promovendo a comunicação aberta e a partilha de conhecimentos. Ao alinhar objectivos e prioridades entre departamentos, as organizações podem maximizar o impacto das inovações de marketing orientadas para a IA e impulsionar o sucesso empresarial.

Principais considerações para a implementação da IA

Para além das etapas preparatórias acima descritas, várias considerações importantes podem ajudar a orientar a implementação bem sucedida de inovações de marketing baseadas em IA.

Definir objectivos e KPIs claros: Antes de embarcar em iniciativas de IA, é essencial definir objectivos claros e indicadores-chave de desempenho (KPIs) para medir o sucesso. Quer o objetivo seja melhorar o envolvimento do cliente, aumentar as vendas ou melhorar a notoriedade da marca, a definição de objectivos mensuráveis garante o alinhamento e a responsabilização ao longo do processo de implementação.

Começar em pequena escala e escalar gradualmente: Quando se implementam inovações de marketing orientadas para a IA, é muitas vezes aconselhável começar em pequena escala e escalar gradualmente. Em vez de tentar lidar com projectos complexos de uma só vez, as empresas podem começar com iniciativas mais pequenas e mais fáceis de gerir e expandir o seu âmbito ao longo do tempo, à medida que ganham experiência e confiança nas tecnologias de IA.

Tirar partido das ferramentas e plataformas baseadas em IA: Existe uma vasta gama de ferramentas e plataformas baseadas em IA disponíveis para os profissionais de marketing, desde a análise preditiva e os motores de recomendação até aos chatbots e assistentes virtuais. Ao tirar partido destas tecnologias, as empresas podem automatizar tarefas repetitivas, personalizar as interacções com os clientes e obter informações accionáveis dos dados de forma mais eficiente.

Monitorizar o desempenho e iterar continuamente: Uma vez lançadas as iniciativas de marketing orientadas para a IA, é essencial monitorizar o desempenho de perto e iterar continuamente com base no feedback e nos insights. Ao analisar as principais métricas, identificar áreas de melhoria e fazer ajustes iterativos nas estratégias e tácticas, as empresas podem otimizar as suas implementações de IA e obter melhores resultados ao longo do tempo.

Mantenha-se ágil e adaptável: No mundo acelerado do marketing, a agilidade e a adaptabilidade são qualidades essenciais para o sucesso. À medida que as condições do mercado mudam e surgem novas tecnologias, as empresas devem manter-se flexíveis e receptivas, ajustando as suas estratégias e tácticas de IA em conformidade. Ao manterem-se ágeis e adaptáveis, as organizações podem capitalizar as oportunidades, superar os desafios e manter uma vantagem competitiva no cenário de marketing orientado para a IA.

Impactos a longo prazo da IA nas estratégias de marketing

A Inteligência Artificial (IA) surgiu como uma força transformadora no domínio do marketing, remodelando estratégias e abordagens de forma profunda. À medida que as tecnologias de IA continuam a evoluir, os seus impactos a longo prazo nas estratégias de marketing estão a tornar-se cada vez mais evidentes.

Um dos impactos mais significativos a longo prazo da IA nas estratégias de marketing reside na sua capacidade de revolucionar o envolvimento do cliente e as experiências personalizadas. As ferramentas alimentadas por IA permitem aos profissionais de marketing reunir grandes quantidades de dados de várias fontes, incluindo redes sociais, websites e interacções com clientes. Através de análises avançadas e algoritmos de aprendizagem automática, a IA pode decifrar padrões e preferências intrincados, permitindo que os profissionais de marketing adaptem as suas mensagens e ofertas a consumidores individuais com uma precisão sem paralelo. Este nível de personalização não só aumenta a satisfação do cliente, como também promove uma maior lealdade e confiança na marca ao longo do tempo.

Além disso, a IA está pronta para redefinir a forma como os profissionais de marketing abordam a análise de dados e os processos de tomada de decisões. Tradicionalmente, os profissionais de marketing baseavam-se na análise manual e na intuição para interpretar os dados e obter informações. No entanto, as plataformas de análise orientadas para a IA podem processar enormes conjuntos de dados em tempo real, revelando informações accionáveis e tendências preditivas que, de outra forma, poderiam ter passado despercebidas. Ao aproveitar o poder da IA para a análise de dados, os profissionais de marketing podem tomar decisões informadas rapidamente, otimizar o desempenho das campanhas e adaptar as estratégias de forma dinâmica às condições de mercado em mudança. A longo prazo, espera-se que esta abordagem orientada para os dados conduza a uma maior eficiência, eficácia e agilidade nas operações de marketing.

Além disso, a IA está a remodelar o panorama dos canais de marketing e dos meios de comunicação. Com a proliferação de plataformas digitais e o advento de tecnologias orientadas para a IA, como os chatbots e os assistentes virtuais, os profissionais de marketing têm oportunidades sem precedentes de interagir com os consumidores através de múltiplos pontos de contacto em tempo real. Os chatbots alimentados por IA, por exemplo, podem fornecer recomendações personalizadas, responder a perguntas e prestar assistência 24 horas por dia, melhorando as interacções com os clientes e impulsionando as taxas de conversão. À medida que estas tecnologias de IA continuam a evoluir, é provável que se tornem componentes integrais das estratégias de marketing, facilitando experiências omnicanal sem falhas e promovendo ligações mais profundas com o público a longo prazo.

Para além de melhorar o envolvimento dos clientes e a análise de dados, a IA está também a revolucionar o domínio da criação e otimização de conteúdos. Através do processamento de linguagem natural (PNL) e de algoritmos de aprendizagem automática, a IA pode gerar e selecionar conteúdos adaptados a segmentos, preferências e comportamentos específicos do público. Desde campanhas de correio eletrónico personalizadas a conteúdos dinâmicos de sítios Web, as estratégias de conteúdos orientadas para a IA permitem aos profissionais de marketing fornecer mensagens relevantes e convincentes que ressoam com os seus públicos-alvo. Além disso, as ferramentas de otimização alimentadas por IA podem analisar o desempenho do conteúdo em tempo real, identificando áreas de melhoria e refinando iterativamente os activos de marketing para obter o máximo impacto. À medida que a IA continua a avançar, espera-se que desempenhe um papel cada vez mais vital na criação, distribuição e otimização de conteúdos, conduzindo a um maior envolvimento e taxas de conversão a longo prazo.

Além disso, a IA está a facilitar a evolução do marketing para estratégias preditivas e prescritivas. Ao tirar partido dos dados históricos, os algoritmos de aprendizagem automática podem prever tendências futuras, comportamentos dos clientes e dinâmicas de mercado com um elevado grau de precisão. Armados com estes conhecimentos preditivos, os profissionais de marketing podem antecipar proactivamente as necessidades dos clientes, identificar oportunidades emergentes e otimizar a atribuição de recursos para alcançar os resultados desejados. Além disso, a análise prescritiva baseada em IA vai além das meras previsões, fornecendo recomendações accionáveis e apoio à decisão para orientar eficazmente as estratégias de marketing. Esta mudança para abordagens preditivas e prescritivas permite que os profissionais de marketing se mantenham à frente da curva, mitiguem os riscos e capitalizem as oportunidades num cenário cada vez mais competitivo.

No entanto, no meio da miríade de oportunidades apresentadas pela IA no marketing, há também desafios e considerações significativas que devem ser abordadas. As preocupações com a privacidade, a segurança dos dados e as considerações éticas são importantes numa era em que os algoritmos de IA têm um acesso sem precedentes a informações sensíveis dos consumidores. Os profissionais de marketing devem lidar com esses dilemas éticos com cuidado, garantindo transparência, consentimento e responsabilidade no uso de tecnologias de IA. Além disso, o ritmo acelerado da inovação tecnológica exige uma aprendizagem e adaptação contínuas por parte dos profissionais de marketing, que devem manter-se a par dos últimos desenvolvimentos em IA para se manterem competitivos a longo prazo.

O caminho a seguir para o marketing de IA, eventos e causas

Nos últimos anos, a convergência da inteligência artificial (IA) com o marketing de eventos e de causas deu início a uma nova era de inovação e eficácia para alcançar audiências, impulsionar o envolvimento e obter impacto social. Ao olharmos para o futuro, o caminho para a IA, eventos e marketing de causas está repleto de oportunidades para uma integração mais profunda, maior personalização e maior relevância social.

Um dos aspectos mais interessantes do caminho a seguir pela IA, eventos e marketing de causas é o potencial para uma integração mais profunda das tecnologias de IA em todas as fases do processo de marketing. Desde o planeamento e a promoção de eventos até à identificação de causas e ao envolvimento do público, as soluções alimentadas por IA oferecem conhecimentos e eficiências sem paralelo. Ao tirar partido dos algoritmos de IA e das capacidades de aprendizagem automática, os profissionais de marketing podem analisar grandes quantidades de dados para identificar tendências, prever o comportamento dos consumidores e otimizar as estratégias de marketing em tempo real.

Além disso, a IA permite que os profissionais de marketing personalizem as suas interacções com os públicos a uma escala nunca antes possível. Através de técnicas de segmentação avançadas e da geração de conteúdos dinâmicos, a personalização orientada por IA pode criar experiências à medida que ressoam com preferências e interesses individuais. Este nível de personalização não só aumenta o envolvimento, como também promove ligações mais profundas entre marcas, eventos, causas e os seus públicos.

À medida que embarcamos no caminho a seguir para a IA, eventos e marketing de causas, é essencial reconhecer o potencial transformador da IA na condução do impacto social. O marketing de causas, em particular, tem o poder de efetuar mudanças positivas, alinhando marcas com causas significativas e mobilizando comunidades para ações coletivas. Com a IA, os profissionais de marketing de causas podem identificar e dar prioridade a questões sociais, direcionar as suas mensagens de forma eficaz e medir o impacto das suas iniciativas com maior precisão.

Além disso, as tecnologias baseadas em IA, como o processamento de linguagem natural (PNL) e a análise de sentimentos, podem ajudar as organizações a avaliar o sentimento do público em relação a causas específicas, permitindo-lhes adaptar as suas mensagens e esforços de divulgação em conformidade. Ao aproveitar o poder da IA para o bem social, os profissionais de marketing podem amplificar o impacto das suas campanhas e promover mudanças significativas no mundo.

No entanto, à medida que traçamos o caminho a seguir para a IA, eventos e marketing de causas, é crucial abordar os potenciais desafios e considerações éticas. A adoção generalizada de tecnologias de IA levanta preocupações sobre a privacidade dos dados, o viés algorítmico e o potencial para consequências não intencionais. Os profissionais de marketing devem priorizar a transparência, a responsabilidade e o uso responsável da IA para criar confiança com seu público e se proteger contra resultados negativos.

Além disso, à medida que a IA continua a evoluir, é essencial garantir que as estratégias de marketing permaneçam centradas no ser humano e na empatia. Embora a IA possa automatizar tarefas repetitivas e simplificar processos, não pode substituir o toque humano quando se trata de criar ligações genuínas e promover relações significativas. Os profissionais de marketing devem encontrar um equilíbrio entre a eficiência impulsionada pela IA e a criatividade humana para proporcionar experiências verdadeiramente impactantes.

Olhando para o futuro, o caminho para o marketing de IA, eventos e causas é caracterizado pela inovação e adaptação contínuas. À medida que as tecnologias de IA continuam a avançar, os profissionais de marketing devem manter-se a par das tendências emergentes e das melhores práticas para se manterem competitivos num cenário cada vez mais digital. Desde eventos virtuais e experiências de realidade aumentada até à escuta social e à análise preditiva alimentadas por IA, as possibilidades de alavancar a IA no marketing são ilimitadas.

Além disso, a colaboração e a partilha de conhecimentos serão fundamentais à medida que navegamos nas complexidades da IA, dos eventos e do marketing de causas. Ao promover parcerias interdisciplinares entre profissionais de marketing, cientistas de dados, tecnólogos e líderes de impacto social, podemos desbloquear novas sinergias e impulsionar a inovação colectiva. Juntos, podemos aproveitar todo o potencial da IA para criar experiências significativas, impulsionar mudanças positivas e moldar um futuro melhor para todos.

BIBLIOGRAFIA

1. Neuhofer, B., Magnus, B., & Celuch, K. (2021). O impacto da inteligência artificial nas experiências de eventos: uma abordagem de técnica de cenário. Mercados electrónicos, 31(3), 601-617.

2. Farrokhi, A., Shirazi, F., Hajli, N., & Tajvidi, M. (2020). Usando inteligência artificial para detetar crises relacionadas a eventos: Tomada de decisão em B2B por inteligência artificial. Gestão de marketing industrial, 91, 257-273.

3. De Bruyn, A., Viswanathan, V., Beh, Y. S., Brock, J. K. U., & Von Wangenheim, F. (2020). Inteligência artificial e marketing: Pitfalls and opportunities. Jornal de Marketing Interativo, 51(1), 91-105.

4. Struhl, S. (2017). Marketing de inteligência artificial e previsão da escolha do consumidor: uma visão geral das ferramentas e técnicas.

5. Roetzer, P., & Kaput, M. (2022). Inteligência Artificial de Marketing: IA, marketing e o futuro dos negócios. BenBella Books.

6. Johnsen, M. (2017). O futuro da Inteligência Artificial no Marketing Digital: A próxima grande rutura tecnológica. Maria Johnsen.

7. Geru, M., Micu, A. E., Capatina, A., & Micu, A. (2018). Usando inteligência artificial no conteúdo gerado pelo usuário da mídia social para estratégias de marketing disruptivas no comércio eletrônico. Economia e Informática Aplicada, 24(3), 5-11.

8. Theodoridis, P. K., & Gkikas, D. C. (2019). Como a inteligência artificial afeta o marketing digital. Em Marketing Estratégico Inovador e Turismo: 7º ICSIMAT, Riviera Ateniense, Grécia, 2018 (pp. 1319-1327). Springer International Publishing.

9. Khrais, L. T. (2020). Papel da inteligência artificial na formação da procura dos consumidores no comércio eletrónico. Future Internet, 12(12), 226.

10.Hassan, A. (2021). A utilização da inteligência artificial no marketing digital: Uma revisão. Aplicações de Inteligência Artificial em Negócios, Educação e Saúde, 357-383.

11.Kose, U., & Sert, S. (2016). Marketing de conteúdo inteligente com inteligência artificial. In Conferência Internacional de Cooperação Científica para o Futuro (n.º 837-43).

12.Schultz, C. D., Koch, C., & Olbrich, R. (2024). Os lados negros da inteligência artificial: The dangers of automated decision-making in search engine advertising. Journal of the Association for Information Science and Technology, 75(5), 550-566.

Printed by Books on Demand GmbH, Norderstedt / Germany